Wissenschaftliche Reihe Fahrzeugtechnik Universität Stuttgart

Reihe herausgegeben von
M. Bargende, Stuttgart, Deutschland
H.-C. Reuss, Stuttgart, Deutschland
J. Wiedemann, Stuttgart, Deutschland

Das Institut für Verbrennungsmotoren und Kraftfahrwesen (IVK) an der Universität Stuttgart erforscht, entwickelt, appliziert und erprobt, in enger Zusammenarbeit mit der Industrie, Elemente bzw. Technologien aus dem Bereich moderner Fahrzeugkonzepte. Das Institut gliedert sich in die drei Bereiche Kraftfahrwesen, Fahrzeugantriebe und Kraftfahrzeug-Mechatronik. Aufgabe dieser Bereiche ist die Ausarbeitung des Themengebietes im Prüfstandsbetrieb, in Theorie und Simulation. Schwerpunkte des Kraftfahrwesens sind hierbei die Aerodynamik, Akustik (NVH), Fahrdynamik und Fahrermodellierung, Leichtbau, Sicherheit, Kraftübertragung sowie Energie und Thermomanagement – auch in Verbindung mit hybriden und batterieelektrischen Fahrzeugkonzepten. Der Bereich Fahrzeugantriebe widmet sich den Themen Brennverfahrensentwicklung einschließlich Regelungs- und Steuerungskonzeptionen bei zugleich minimierten Emissionen, komplexe Abgasnachbehandlung, Aufladesysteme und -strategien, Hybridsysteme und Betriebsstrategien sowie mechanisch-akustischen Fragestellungen. Themen der Kraftfahrzeug-Mechatronik sind die Antriebsstrangregelung/Hybride, Elektromobilität, Bordnetz und Energiemanagement, Funktions- und Softwareentwicklung sowie Test und Diagnose. Die Erfüllung dieser Aufgaben wird prüfstandsseitig neben vielem anderen unterstützt durch 19 Motorenprüfstände, zwei Rollenprüfstände, einen 1:1-Fahrsimulator, einen Antriebsstrangprüfstand, einen Thermowindkanal sowie einen 1:1-Aeroakustikwindkanal. Die wissenschaftliche Reihe „Fahrzeugtechnik Universität Stuttgart" präsentiert über die am Institut entstandenen Promotionen die hervorragenden Arbeitsergebnisse der Forschungstätigkeiten am IVK.

Reihe herausgegeben von

Prof. Dr.-Ing. Michael Bargende
Lehrstuhl Fahrzeugantriebe
Institut für Verbrennungsmotoren und
Kraftfahrwesen, Universität Stuttgart
Stuttgart, Deutschland

Prof. Dr.-Ing. Jochen Wiedemann
Lehrstuhl Kraftfahrwesen
Institut für Verbrennungsmotoren und
Kraftfahrwesen, Universität Stuttgart
Stuttgart, Deutschland

Prof. Dr.-Ing. Hans-Christian Reuss
Lehrstuhl Kraftfahrzeugmechatronik
Institut für Verbrennungsmotoren und
Kraftfahrwesen, Universität Stuttgart
Stuttgart, Deutschland

Weitere Bände in der Reihe http://www.springer.com/series/13535

Hannes Vollmer

Neue Methoden zur Analyse der Benetzung von Pkw-Seitenscheiben

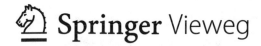

Hannes Vollmer
Stuttgart, Deutschland

Zugl.: Dissertation Universität Stuttgart, 2017

D93

Wissenschaftliche Reihe Fahrzeugtechnik Universität Stuttgart
ISBN 978-3-658-22487-5   ISBN 978-3-658-22488-2   (eBook)
https://doi.org/10.1007/978-3-658-22488-2

Die Deutsche Nationalbibliothek verzeichnet diese Publikation in der Deutschen National-
bibliografie; detaillierte bibliografische Daten sind im Internet über http://dnb.d-nb.de abrufbar.

Springer Vieweg

Gedruckt auf säurefreiem und chlorfrei gebleichtem Papier

Springer Vieweg ist ein Imprint der eingetragenen Gesellschaft Springer Fachmedien Wiesbaden
GmbH und ist ein Teil von Springer Nature
Die Anschrift der Gesellschaft ist: Abraham-Lincoln-Str. 46, 65189 Wiesbaden, Germany

Vorwort

Die vorliegende Arbeit entstand im Rahmen des ProMotion Programms der BMW Group in Kooperation mit dem Institut für Verbrennungsmotoren und Kraftfahrwesen (IVK) der Universität Stuttgart.

Mein besonderer Dank gilt meinem Doktorvater Herrn Prof. Dr.-Ing. Jochen Wiedemann für die Übernahme des Hauptberichts und dem mir entgegengebrachten Vertrauen in Kombination mit konstruktiven Diskussionen, die maßgeblich zum Fortschritt und Erfolg dieser Arbeit beigetragen haben. Herrn Prof. Dr.-Ing. habil. Bernhard Weigand danke ich für die freundliche Übernahme des Mitberichts und den damit verbundenen Mühen. Auf universitärer Seite möchte ich mich ebenso bei Herrn Dr.-Ing. Timo Kuthada und Herrn Dipl.-Ing. Nils Widdecke für die gute Zusammenarbeit und die stets guten, die Arbeit bereichernden, Diskussionen bedanken.

Da die Arbeit im Wesentlichen in der Aerodynamikabteilung der BMW Group angefertigt wurde, gilt ein großer Dank allen Kolleginnen und Kollegen, die mich während der Arbeit unterstützt und begleitet haben. Besonders hervorheben möchte ich den damaligen Abteilungsleiter und Mitinitiator der Arbeit Herrn Dipl.-Ing. Holger Winkelmann. Sein großes Interesse an meinem Fortschritt, das in mich gesetzte Vertrauen und seine Unterstützung waren mir zu jeder Zeit ein wichtiger und sicherer Rückhalt. Ebenso danke ich Herrn Dr.-Ing Norbert Grün, der die Arbeit mit initialisiert hat und mich mit seiner Erfahrung und seinem großen Fachwissen in vielen Diskussionen gefördert hat. Gleicher Dank gilt Herrn Dipl.-Ing. Holger Gau. Seiner Unterstützung und Diskussionsbreitschaft war ich mir stets sicher.

Meinen Eltern danke ich für ihre Liebe und Unterstützung, durch die ich erst soweit kommen konnte. Von Herzen bedanke ich mich bei meiner Frau Karina. Ohne ihre unendliche Geduld und Rücksichtnahme, hätte diese Dissertation nicht gelingen können.

Hannes Vollmer

Inhaltsverzeichnis

Abbildungsverzeichnis

Tabellenverzeichnis

Formelzeichen

lateinisch

Zeichen	Bezeichnung	Einheit
A, B	Regionen	—
A_T	Tropfenoberfläche	m^2
$\tilde{A}, \tilde{B}, \tilde{C}$	Parameter der Filmhöhenkalibrierung	—
a, b	Bildpunkte der Regionen A und B	—
B_G	Benetzungsgrad	—
Bo	Bond-Zahl	—
CFL	Courant-Friedrichs-Lewy-Zahl	—
Cp	Statischer Druckbeiwert	—
c	Stoffmengenkonzentration der absorbierenden Substanz	$mol\ l^{-1}$
D	Durchmesser	mm
D_T	Tropfendurchmesser	mm
d	Schichtdicke	m
F_A	Adhäsionskraft	N
F_G	Gewichtskraft	N
F_W	Windlast	N
g	Fallbeschleunigung	$m\ s^{-2}$
h	Tropfenhöhe	m
I	Intensität	—
I_0	Intensität des einfallenden Lichtes	$W\ m^{-2}$
I_1	Intensität des transmittierten Lichtes	$W\ m^{-2}$
I_A, I_B	Intensität im Abstand A bzw. B	$W\ m^{-2}$
I_f	Intensität des fluoreszierenden Lichtes	$W\ m^{-2}$
I_{SW}	Intensität der Grauwertschwelle	—
I_V	Intensitätsverlust beim Durchtritt durch das absorbierende Medium	$W\ m^{-2}$
$I_{x,y}$	Lokale Intensität	—
$\bar{I}_{x,y}$	Mittlere lokale Intensität	—
K_F	Kontaminationsfaktor	—
k	Von der Tropfenkontur abhängige Konstante	—
l_c	Charakteristische Länge	m
N	Anzahl der Tropfen pro Einheitsvolumen	$mm^{-1}m^{-3}$

N_0	Mittlere örtliche Tropfendichte pro Einheitsvolumen	$mm^{-1}m^{-3}$
N_P	Anzahl der Pixel einer Region	$-$
N_{WDF}	Relative mittlere örtliche Tropfendichte pro Einheitsvolumen	$mm^{-1}m^{-3}$
R	Regenintensität	$mm\ h^{-1}$
R_K	Kugelradius	m
R_{wdr}	Vom Wind getriebene Regenintensität	$mm\ h^{-1}$
r	Tropfenradius	m
r_A, r_B	Abstand	m
t	Zeit	s
U_T	Umfang der Tropfenkontur	m
u, v	Geschwindigkeit	$m\ s^{-1}$
v_{rel}	Relativgeschwindigkeit zwischen Tropfen und Strömung	$m\ s^{-1}$
$\bar{v}_f$	Mittlere finale Fallgeschwindigkeit von Regentropfen	$m\ s^{-1}$
W	Arbeit	J
W_A	Adhäsionsarbeit	$J\ m^{-2}$
W_A^d	Disperser Anteil der Adhäsionsarbeit	$J\ m^{-2}$
W_A^p	Polarer Anteil der Adhäsionsarbeit	$J\ m^{-2}$
WDF	Wahrscheinlichkeitsdichtefunktion des Niederschlags	$-$
We	Weberzahl	$-$
x	Ortskoordinate	$-$

griechisch

Zeichen	Bezeichnung	Einheit
α	Rinnsal Abflusswinkel zur Horizontalen auf der geneigten Ebene	$^\circ$
ε	Extinktionskoeffizient	$m^2\,mol^{-1}$
ρ	Dichte	$kg\,m^{-3}$
σ	Oberflächenspannung	$N\,m^{-1}$
γ	Grenzflächenspannung	$N\,m^{-1}$
γ_{sl}	Grenzflächenspannung zwischen Festkörper und Fluid	$N\,m^{-1}$
Λ	Neigungs- oder Steigungsparameter der Exponentialfunktion	mm^{-1}
μ	Formparameter der Gammafunktion	–
Φ	Skalierungsfaktor	–
σ_l^d	Disperser Anteil der Oberflächenspannung des Fluids	$N\,m^{-1}$
σ_l^p	Polarer Anteil der Oberflächenspannung des Fluids	$N\,m^{-1}$
σ_{lv}	Oberflächenspannung der Phasengrenze Fluid-Luft	$N\,m^{-1}$
σ_s^d	Disperser Anteil der freien Oberflächenenergie des Festkörpers	$N\,m^{-1}$
σ_s^p	Polarer Anteil der freien Oberflächenenergie des Festkörpers	$N\,m^{-1}$
σ_{sv}	Freie Oberflächenenergie eines Festkörpers	$N\,m^{-1}$
Θ	Kontaktwinkel	$^\circ$
Θ_A	Fortschreitender Kontaktwinkel	$^\circ$
$\Theta_{A,d}$	Dynamisch fortschreitender Kontaktwinkel	$^\circ$
Θ_R	Rückschreitender Kontaktwinkel	$^\circ$
$\Theta_{R,d}$	Dynamisch rückschreitender Kontaktwinkel	$^\circ$

Abkürzungsverzeichnis

BMW	Bayerische Motoren Werke
CFD	Numerische Strömungssimulation (engl. computational fluid dynamics)
DiVeAn	Digitale Verschmutzungsanalyse
EVZ	Energie und umwelttechnisches Versuchszentrum im FIZ
FIZ	Forschungs- und Innovationszentrum der BMW Group in München
FKFS	Forschungsinstitut für Kraftfahrwesen und Fahrzeugmotoren Stuttgart
IT-CCD	Zwischenzeilen Transfer-ladungsgekoppeltes Bauteil (engl. interline-transfer-charge-coupled device)
IVK	Institut für Verbrennungsmotoren und Kraftfahrwesen
SPH	Smoothed-particle hydrodynamics (zu deutsch: geglättete Teilchen-Hydrodynamik)
LED	Licht-emittierende Diode (engl. light-emitting diode)
RAMSIS	Rechnergestütztes Anthropologisch-Mathematisches System zur Insassen-Simulation
TWK	Thermowindkanal des FKFS
UV	Ultraviolett(-Strahlung)
UWK	Umweltwindkanal im EVZ
VOF	Volume-of-Fluid

Zusammenfassung

Im Hinblick auf die Sicherheit und den Komfort der Fahrzeuginsassen gilt es die Sichtfreihaltung auf den umgebenden Verkehr auch bei schlechtem Wetter zu gewährleisten. Dazu werden Wasserfangkonzepte an der A-Säule und an den Außenspiegeln eingesetzt, die das Abfließen des Wassers gezielt lenken sollen. Die Funktionsfähigkeit dieser Wassermanagementkonzepte wird in der Regel in speziellen Umweltwindkanälen geprüft, die reproduzierbare Randbedingungen, Wetterunabhängigkeit und den Prototypenschutz bieten.

Aus verkürzten Entwicklungszyklen, aber vor allem der Schwierigkeit geschuldet, dass belastbare Versuche erst mit seriennahen Prototypen in einer späten Entwicklungsphase gewonnen werden können, resultiert der Wunsch nach einer simulativen Absicherung in der frühen Phase. Die Vielzahl an Veröffentlichungen zur numerischen Simulation der Mehrphasenströmung belegt zum einen das Potenzial für die Fahrzeugentwicklung und zum anderen die kontinuierliche Weiterentwicklung numerischer Methoden. Gewisse Aspekte, wie Partikelflugbahnen und deren Auftreffpunkte oder eine Wasserdurchfahrt und daraus resultierende Bauteillasten, werden zum Zeitpunkt der Arbeit bereits erfolgreich virtuell abgesichert. Eine Herausforderung ist jedoch die Simulation von Rinnsalströmungen, die für die Sichtfreihaltung essentiell sind. Dazu bedarf es einer freien, dreidimensionalen Darstellung der Wasseroberfläche auf Grundlage der Physik der Benetzung. Eine kritische Analyse im Kapitel zum Stand der Technik zeigt, dass die verwendeten Softwarepakete diese Grundvoraussetzung nur bedingt erfüllen.

Zur Validierung numerischer Verfahren und für die Ermittlung potenzieller Einflussfaktoren auf experimentelle Ergebnisse wird die Randbedingung der Benetzung von Oberflächen detailliert betrachtet. Dazu wird über Grundlagenversuche erstmals die Interaktion zwischen Fluid- und Luftströmung bei unterschiedlichen Oberflächenenergien untersucht. Der signifikante Einfluss der Oberflächenenergie offenbart, dass die Kontrolle dieses Parameters essentiell für die Untersuchung der Sichtfreihaltung ist und dass numerische Methoden die Physik der Benetzung berücksichtigen müssen.

Im Weiteren wird auf die Limitierungen bei der Darstellung der Regenfahrt im Prüfstand eingegangen. Dafür wird zunächst das Tropfenspektrum des natürlichen Regens in Abhängigkeit von der Regenintensität erörtert. Dieses wird im Anschluss mit dem im Windkanal durch Sprühdüsen emittierten Tropfenspektrum verglichen. Die Gegenüberstellung offenbart, dass die durch Sprühdüsen erzeugten Tropfen zu klein sind. Inwieweit dies die Gültigkeit des Prüfstandsversuchs beeinträchtigt, wird später über einen quantitativen Vergleich zwischen Prüfstand und Straßenfahrt untersucht.

Für die qualitative und quantitative Untersuchung der Sichtfreihaltung bedarf es Verfahren zur Detektion der Benetzung auf Fahrzeugscheiben. In dieser Arbeit wird die bestehende Methode der Beimischung fluoreszierender Additive weiter ausgeführt und die damit verbundenen Anforderungen an UV-Beleuchtung, Mischungsverhältnis und die messtechnische Erfassung der Fluoreszenz durch Kamerasysteme diskutiert.

Die Fluoreszenzmethode ermöglicht über die von der Schichtdicke abhängige Intensität der Emission eine Ermittlung der Filmhöhe. Für eine gute Differenzierung zwischen verschiedenen Filmhöhen ist ein geringes Mischungsverhältnis anzustreben. Zwar kann mit der Steigerung der Beleuchtungsintensität das Helligkeitsniveau und auch die Differenzierung der Filmhöhe verbessert werden, jedoch führt dies für das im Prüfstand verwendete Additiv zu einem schnelleren Zerfall der fluoreszierenden Moleküle.

Die Dynamik des Benetzungsvorgangs wird zeitaufgelöst betrachtet und analysiert. Es zeigt sich, dass der Benetzungsvorgang für Geschwindigkeiten ab 80 km/h in eine Initialphase und eine quasistationäre Phase eingeteilt werden kann. Da der Vergleich und die Bewertung der Sichtfreihaltung anhand eines Einzelbildes zu Fehlinterpretationen führen kann, werden Kenngrößen innerhalb der quasistationären Phase gemittelt und eine neue visuelle Darstellungsform präsentiert, die der Dynamik der Benetzung Rechnung trägt.

Da dem natürlichen Regen keine fluoreszierenden Additive beigemischt werden können, ist die Fluoreszenzmethode für einen Vergleich zwischen einer realen Regenfahrt mit den Ergebnissen aus dem Prüfstand ungeeignet. Mit der Methode der opaken Schicht wurde ein neues Verfahren entwickelt, das ohne die Beimischung von Tracern im Prüfstand und im Straßenversuch eingesetzt werden kann. Das Grundprinzip dieses Verfahrens ist die Aufbringung einer opaken Schicht auf der Innenseite der Seitenscheibe. Die opake Schicht wirkt wie ein Filter. Von der Scheibe entfernte Strukturen verwischen und die Benetzung der Scheibe wird in scharfen Konturen abgebildet. Die Aufzeichnung der Benetzung erfolgt vom Fahrzeuginnenraum. Somit ist dieses Verfahren ideal für den Einsatz im Fahrversuch geeignet und bildet die Grundlage für den ersten qualitativen und quantitativen Vergleich zwischen der simulierten Regenfahrt im Umweltwindkanal und der realen Regenfahrt.

Die Versuchsfahrten bei Regen zeigen, dass die für das Versuchsfahrzeug aus dem Prüfstand bekannten Phänomene auch auf der Straße auftreten und mit der Regenintensität skalieren. Aufgrund der annähernd vertikal zu Boden fallenden großen Regentropfen kommt es während der Regenfahrt zusätzlich zu einer direkten Benetzung der Seitenscheibe, die so im Prüfstand nicht auftritt. Diese direkte Benetzung der Scheibe kann durch das Wassermanagement im Bereich der A-Säule nicht verhindert werden und überlagert die beeinflussbaren und aus dem Windkanal bekannten Phänomene. Für die beeinflussbaren Phänomene ist der Prüfstand damit die ideale Versuchs- und Entwicklungsumgebung.

Abstract

To ensure passenger safety and comfort the view on the surrounding traffic has to be granted also for bad weather conditions. Therefore, water management concepts along a-pillar and outer mirrors are used to control the drainage of water. Usually the reliability of these water management concepts is tested in special climatic wind tunnels, which allow repeatable boundary conditions, independence from weather conditions and prototype security.

Due to shortened development cycles, but mainly because reliable test can only be done with prototypes in the late development stage, there is a request for numerical safeguarding in the early development stage. The multiplicity of publications about numerical simulations of multiphase flows proves the potential for vehicle development and for continues further development of numerical methods. Some aspects, like particle trajectory and hit points or driving through water and the resulting forces on components are successfully ensured with virtual methods at the time of this work. Though the simulation of rivulet flows, which is a requirement for side window soiling, is still a challenge. Therefore, a three-dimensional representation of the water surface based on a physical wetting model is needed. A critical analysis in the chapter "state of the art" shows, that the commonly used software packages cannot fully satisfy this requirement.

To validate numerical methods and for identification of potential influencing factors on experimental results the boundary condition of surface wetting will be surveyed in detail. For the first time fundamental experiments on the interaction between fluid and airflow at different surface free energies will be investigated. The significant influence of the surface free energy shows, that the control of this parameter is essential for the investigation of side window soiling and that numerical methods need a physical wetting model.

Furthermore, the limitations of simulating rain in an test bench are regarded. Therefore, the droplet spectra of natural rain depending on the rain intensity is debated. This will be compared to the droplet spectra produced by the wind tunnel sprayers. A comparison reveals, that the sprayer produced droplets are too small. To which extent this impairs the validity of the test bench, will later be investigated with a quantitative comparison between on-road and wind tunnel results.

For a qualitative and quantitative investigation of side window soiling methods to detect wetting of vehicle windows are needed. The existing method of mixing fluorescent additives along with the affiliated requirements on ultra violet illumination, mixing ratio and the measurement of the fluorescence by camera systems will be enhanced in this work. With the intensity of the emission depending on the film thickness the fluorescence method enables film height measurements. For a good differentiation between varying film heights a low mixing ratio is to be aspired. While an increasing illumination intensity can improve the brightness level and the differentiation of film height, this leads to a faster decay of the fluorescent molecules used in the test bench.

The dynamics of the wetting process are considered and analyzed time resolved. It turns out that the wetting process for velocities of 80 km/h and higher can be divided into an initial phase and quasi-stationary phase. Since the comparison and evaluation of side window soiling based on a single image can lead to misinterpretation, parameters are averaged in the quasi-stationary phase and a new visual representation form is introduced, that accounts for the dynamics of the wetting process.

Since fluorescent additives cannot be added to natural rain, the fluorescence method is unsuitable for a comparison between an on-road ride in the rain with the results from the test bench. With the opaque layer method, a new technique has been developed that can be used without additional tracers in the test bench and on road. The basic principle of this method is the application of an opaque layer on the inside of the side window. The opaque layer acts as a filter. Remote structures are blurred out but local wetting of the side window is visual with sharp contours. The recording of the wetting is carried out from the vehicle interior. Thus, this method is ideal for the use in driving tests and forms the basis for the first qualitative and quantitative comparison between the simulated rain in an environmental wind tunnel and a on-road drive in rain.

The test runs in rain show, that the wind tunnel known phenomena of the test vehicle, also occur on the street and scale with the rain intensity. During a rain drive the large, approximately vertically falling raindrops lead to a direct wetting of the side window, which does not occur in the wind tunnel. This direct wetting of the side window cannot be prevented by the water management in the A-pillar region. It overlays the influenceable wind tunnel known phenomena. This confirms the wind tunnel as the ideal test and development environment.

1 Einleitung

Die Sicherheit und der Komfort der Fahrzeuginsassen ist eines der wichtigsten Entwicklungsziele in der Automobilindustrie. In diesem Kontext steht auch die Gewährleistung der freien Sicht auf den umgebenden Verkehr. Bei schlechtem Wetter kann die Sicht durch die Scheiben bereits durch deren Benetzung beeinträchtigt werden. Während für die Frontscheibe aktive Elemente wie Scheibenwischer und Waschsysteme zur Sichtfreihaltung eingesetzt werden, müssen die Seitenscheiben typischer Pkw ohne aktive Elemente freigehalten werden. Für die sichere und komfortable Fahrt bei Regen ist die Sicht durch die Außenspiegel auf den umgebenden Verkehr aber genauso wichtig.

Von großer Bedeutung ist daher die Fahrzeugumströmung, die in Kombination mit dem Wassermanagementkonzept das Abfließen von Wasser und damit die Güte der Sichtfreihaltung durch die Seitenscheibe und auf die Außenspiegel bestimmt. Der primäre Wassereintrag auf die Seitenscheibe erfolgt im Allgemeinen über die A-Säule. Aus der Perspektive der Sichtfreihaltung würde daher eine große Wasserfangleiste die freie Sicht gewährleisten. Schon alleine durch die negative Auswirkung auf den Luftwiderstand ist dies in Zeiten verschärfter Emissionsgrenzwerte keine Option. Mit der Aerodynamik stellen auch Disziplinen wie Akustik und Design Anforderungen an die Gestaltung des A-Säulen-Bereichs. Daher sind moderne Wassermanagementkonzepte häufig ein Kompromiss zur Auflösung der Zielkonflikte.

In der Regel kann die Funktionalität eines Wassermanagementkonzepts erst im fortgeschrittenen Fahrzeugentwicklungsprozess mit seriennahen Prototypen untersucht werden. Zu diesem Zeitpunkt ist der geometrische Gestaltungsfreiraum im relevanten Bereich jedoch bereits stark eingeschränkt, da die Werkzeuge für die Serienfertigung bereits beauftragt sind. Daher besteht großes Interesse an der numerischen Simulation der Sichtfreihaltung in der frühen Phase. Auch wenn, wie im Laufe der Arbeit erörtert, die numerische Mehrphasensimulation noch keine belastbaren Ergebnisse für die Untersuchung der Sichtfreihaltung liefern kann, sollen die momentanen Defizite und die daraus resultierenden Anforderungen aufgezeigt werden. Ein Aspekt, der sowohl für numerische Verfahren aber auch für die experimentelle Untersuchung von großer Bedeutung ist, aber bisher in Veröffentlichungen nur unzureichend berücksichtigt wurde, ist das Verhalten von Fluiden auf Oberflächen

© Springer Fachmedien Wiesbaden GmbH, ein Teil von Springer Nature 2018
H. Vollmer, *Neue Methoden zur Analyse der Benetzung von Pkw-Seitenscheiben*,
Wissenschaftliche Reihe Fahrzeugtechnik Universität Stuttgart,
https://doi.org/10.1007/978-3-658-22488-2_1

unterschiedlicher Benetzbarkeit. Daher wird die Thematik der Benetzung sowohl in den Grundlagen erörtert, als auch später deren Einfluss durch Experimente aufgezeigt.

Die Bewertung und Entwicklung der Sichtfreihaltung findet heute vorwiegend in speziellen Windkanälen statt. Diese Windkanäle sollen die Regenfahrt bzw. die Gischt vorausfahrender Fahrzeuge möglichst realitätsnah abbilden. Dazu wird vor dem Fahrzeug über Sprühdüsen Wasser in die Strömung eingebracht. Die Prüfstände bieten gegenüber der Straße mehrere Vorteile. Dazu zählen reproduzierbare Randbedingungen, die Unabhängigkeit vom Wetter und der Prototypenschutz. Ein weiterer wichtiger Vorteil ist die Möglichkeit der Beimischung von Additiven, die durch die Kontrasterhöhung der Flüssigkeit eine qualitative und quantitative Auswertung der Versuche ermöglichen. Auf der Grundlage bestehender Ansätze wird eine vollautomatische und standardisierte Auswertung für den Einsatz in der Serienentwicklung bei der BMW Group entwickelt. Dieser berücksichtigt die Dynamik der Sichtfreihaltung sowohl in Kenngrößen als auch in einer neuen Darstellungsform.

Auch wenn Prüfstandsversuche seit mehreren Jahrzehnten zur Untersuchung der Sichtfreihaltung eingesetzt werden, fehlt es bisher an einer quantitativen Validierung der dort erzielten Ergebnisse. Dies begründet sich in der Ermangelung einer Methode zur Detektion der Benetzung ohne Tracer während der realen Regenfahrt. Diese Herausforderung wird in dieser Arbeit mit einer neuen Methode gelöst und erstmals ein qualitativer und quantitativer Vergleich zwischen Straßenfahrt und Prüfstand realisiert.

2 Stand der Technik

Zur Fahrzeugverschmutzung gehören verschiedene Teilaspekte. Da sie der aktiven Sicherheit aber auch dem Komfort dient, hat die Gewährleistung der freien Sicht durch die Front-, Seiten- und Heckscheibe einen hohen Stellenwert. Gleiches gilt für die Schmutzfreihaltung von Front- und Heckleuchten. Die Freihaltung des Einstiegsbereichs und der Griffe dient primär dem Komfort. Dagegen betrifft das Nassansprechen von Bremsen oder die Zusetzung von Funktionsöffnungen durch Schnee die aktive Sicherheit. Nach einem kurzen allgemeinen Überblick zur Fahrzeugverschmutzung soll daher im folgenden Kapitel der Fokus auf die Sichtfreihaltung der Seitenscheibe gelegt werden und der Stand der Technik erörtert werden.

2.1 Quellen der Fahrzeugverschmutzung

Die Reduzierung der Fahrzeugverschmutzung wurde Anfang der siebziger Jahre insbesondere durch erste positive Resultate als Entwicklungsziel anerkannt [1]. Aus dieser Zeit stammt auch die durch das FKFS etablierte Unterteilung der Fahrzeugverschmutzung in Fremd- und Eigenverschmutzung [2,3], abhängig von ihrem Ursprung.

Nach *Potthoff* [2] resultiert die Fremdverschmutzung ausschließlich durch andere Verkehrsteilnehmer. Als Ursache nennt er vorausfahrende, überholende oder begegnende Fahrzeuge. Deren auf nasser oder verschmutzter Straße abrollenden Reifen wirbeln Schmutzwasser auf und beaufschlagen Funktionsflächen, wie Frontscheinwerfer und Windschutzscheibe (siehe Abbildung 2.1). Durch Wischer und Fahrzeugumströmung gelangt die Verschmutzung über das Dach auf die Heckscheibe und über die A-Säule auf die Seitenscheibe.

Als Quelle für die Eigenverschmutzung nennt *Potthoff* [2] ebenfalls die auf nasser und verschmutzter Fahrbahn abrollenden Reifen. Er erläutert, dass das von den Rädern aufgeworfene Schmutzwasser zu einer Kontamination der Seitenwand führen kann. Durch den turbulenten und von Rückströmung geprägten Nachlauf gelangen Schmutzpartikel außerdem auf die Heckleuchten, Kennzeichen und ggf. auch auf die Heckscheibe.

© Springer Fachmedien Wiesbaden GmbH, ein Teil von Springer Nature 2018
H. Vollmer, *Neue Methoden zur Analyse der Benetzung von Pkw-Seitenscheiben*,
Wissenschaftliche Reihe Fahrzeugtechnik Universität Stuttgart,
https://doi.org/10.1007/978-3-658-22488-2_2

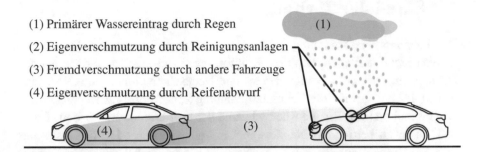

(1) Primärer Wassereintrag durch Regen

(2) Eigenverschmutzung durch Reinigungsanlagen

(3) Fremdverschmutzung durch andere Fahrzeuge

(4) Eigenverschmutzung durch Reifenabwurf

Abbildung 2.1: Quellen der Fahrzeugverschmutzung. In der Regel führen nur die Quellen (1), (2) und (3) zu einer Benetzung der vorderen Seitenscheiben.

Hagemeier [4, 5] führt die Regenfahrt als weitere und primäre Quelle der Fremdverschmutzung auf, da bereits dünne Wasserfilme oder Tropfen durch Lichtbrechung und Reflektionen eine Sichtbehinderung darstellen (siehe Abbildung 2.1).

Eine weitere Quelle für die Seitenscheibenverschmutzung, die in der Literatur nur wenig Beachtung findet, können Reinigungsanlagen für Scheinwerfer oder Windschutzscheiben darstellen. Bei hohen Geschwindigkeiten kann das Spray der Scheinwerfer-Reinigungsanlagen durch die Strömung auf Spiegel und Seitenscheiben gelangen. Ebenso kann die längere Betätigung der Front-scheiben-Reinigungsanlage zum Übertritt des Fluids auf die Seitenscheibe führen (vgl. [6]). Die durch Wischer und Reinigungsmittel von der Front-scheibe abgelöste Verschmutzung gelangt so auf die Seitenscheibe.

2.2 Experimentelle Untersuchung der Fahrzeugverschmutzung

Die ersten Veröffentlichungen zur Fahrzeugverschmutzung stammen von *Potthoff* aus den siebziger Jahren des vorigen Jahrhunderts. Er beschreibt, dass mit der Anforderung an reproduzierbare Versuchsbedingungen die Verlage-rung der Straßenversuche in den Windkanal erfolgt. Mit der Beimischung von Kreide ist eine erste Methode zur Sichtbarmachung und Dokumentation der Verschmutzung gegeben und er liefert exemplarische Ergebnisse vom Motor-

Potthoff die Witterungsunabhängigkeit, kurze Versuchszeiten und einen besseren Prototypenschutz als weitere Vorteile des Prüfstands [2].

Eine Herausforderung bei der Übertragung der Straßenfahrt in den Prüfstand ist die realitätsnahe Darstellung der Verschmutzungsquellen. Insbesondere die Transformation der Regenfahrt in den Prüfstand ist nicht direkt möglich. Während auf der Straße die Regentropfen abhängig vom natürlichen Wind annähernd vertikal zu Boden fallen und das Fahrzeug bei der Durchfahrt beaufschlagen, müssen im Prüfstand die Tropfen in die Strömung eingebracht werden. Eine Problematik bei diesem Vorgehen ist die Korrelation der natürlichen Regenintensität zum Wassereintrag im Prüfstand. *Bouchet et al.* [7] beschreiben hierzu die Anwendung eines Verfahrens zur Messung und Kalibrierung der Regenintensität in einem Klimawindkanal. Für die Abbildung der Regenfahrt reicht die Kalibrierung des Wassermassenstroms alleine nicht aus, da das Tropfengrößenspektrum und die damit verbundene Tropfenbahn einen maßgeblichen Einfluss auf den Wassereintrag auf ein Fahrzeug haben. Dieses Thema wird in Abschnitt 4.1 weiter erörtert.

Zur Sichtbarmachung der Benetzung können dem Wasser im Prüfstand Additive beigemischt werden. Anfänglich wurden, wie durch *Potthoff* beschrieben, Kreide oder Farbpulver verwendet. Dieses Vorgehen hat jedoch den Nachteil, dass nicht nur das Fahrzeug, sondern der ganze Windkanal verschmutzt wird. Zum einen ist der daraus resultierende Reinigungsaufwand zeit- und kostenintensiv, zum anderen haben die Kalkpartikel einen abrasiven Effekt auf Windkanal und Fahrzeug [2, 8, 9]. Diese Nachteile führten bereits Ende der siebziger Jahre zur Entwicklung einer neuen Methode, der Beimischung eines geringen Volumenprozentsatzes fluoreszierender Additive. Das fluoreszierende Gemisch wird durch UV-Beleuchtung angeregt und leuchtet typischerweise blau oder grün. In einem abgedunkelten Windkanal führt dies zu einem starken Kontrast zwischen benetzten und trockenen Bereichen.

Die Fluoreszenzmethode ist heute in der aerodynamischen Fahrzeugentwicklung Stand der Technik. Dies belegen Publikationen, wie sie häufig zur Entwicklung eines neuen Fahrzeugs erscheinen. Ein frühes Beispiel findet sich in einem Sonderdruck zur Aerodynamik Entwicklung am Beispiel der BMW 5er-Baureihe [10]. Ist der Fahrzeugverschmutzung ein Abschnitt gewidmet, so werden typischerweise Bilder vor und nach dem Optimierungsprozess gezeigt. Ein Beispiel dafür ist die Veröffentlichung von *Schwarz und Jehle-Graf* [11] zur aerodynamischen Entwicklung der Mercedes-Benz A-Klasse. Sie erläutern die Fluoreszenzmethode und beschreiben Maßnahmen an A-Säulen- und

Spiegelgeometrie zur Optimierung der Sichtfreihaltung. Ähnliche Beispiele finden sich zum Audi Q3 [12] und Audi Q5 [13]. Basierend auf der Fluoreszenzmethode benutzen *Lemke und Wiegand* [14] Falschfarbenbilder zum Vergleich zweier Porsche 911er unterschiedlicher Baujahre. Das die Methode auch im Bereich der Nutzfahrzeugentwicklung erfolgreich eingesetzt wird, zeigt *Kopp* [15, 16] am Beispiel von Lkw.

In Kombination mit modernen Verfahren der Bildverarbeitung bildet die Fluoreszenzmethode die Grundlage für quantitative Verfahren zur Verschmutzungsanalyse. Vorreiter waren *Widdecke et. al* [8], die am FKFS die digitale Verschmutzungs-Analyse (DiVeAn®) entwickelten. Später folgten *Aguinaga und Bouchet* [17] sowie *Vollmer* [18] mit eigenen Methoden zur qualitativen und quantitativen Analyse der Benetzung. Da dieses Verfahren ein elementarer Bestandteil dieser Arbeit ist, werden die Fluoreszenzmethode und die daraus resultierenden Möglichkeiten im Abschnitt 5.1.1 weiter erläutert.

Die aufgeführten Veröffentlichungen benennen sehr ähnliche Stellhebel zur Optimierung der Sichtfreihaltung. So werden Wasserfangleisten entlang der A-Säule oder Rinnen und Leitelemente an den Außenspiegeln genannt. Einen etwas tieferen Einblick gewähren *Höfer und Mößner* [19]. Neben den geometrischen Stellhebeln nennen sie auch die Oberflächenbeschaffenheit als Einflussgröße. Unter den Schlagwörtern „Lotuseffekt" oder „Nanoversiegelung" gibt es eine Vielzahl von Produkten, die aufgetragen auf die Frontscheibe eine Verbesserung der Durchsicht bei Regen versprechen. Die Substanzen führen zu einer Hydrophobierung der Scheibe, die das Abperlen von Regentropfen begünstigt und wie bei der Lotospflanze eine Selbstreinigung bewirken soll. Das Problem bei der hydrophoben Frontscheibe ist, dass der Scheibenwischer für eine fehlerfreie Funktion einen dünnen Wasserfilm zwischen Gummilippe und Glas benötigt (vgl. [20]). Die Hydrophobierung verhindert dies, so dass der Wischer nicht sauber über die Scheibe läuft, sondern ruckelt und zur Schlierenbildung neigt. Eine hydrophobe Beschichtung der Frontscheibe ist somit nicht zu empfehlen. Eine wasserabweisende Seitenscheibe ist jedoch vorteilhaft und wird beispielsweise bei Porsche [21] eingesetzt.

Bei der Betrachtung einer benetzten Seitenscheibe stellt sich die Frage, wie die einzelnen Benetzungsphänomene (Spray, Tropfen und Rinnsal) untereinander zu bewerten sind. Mit einer Probandenstudie lieferten *Landwehr et. al* [22] erste Ergebnisse zu Durchsichteigenschaften benetzter Glasflächen. In einem Grundlagenversuch untersuchten sie zunächst, wie einzelne Tropfen die Durchsicht auf ein regelmäßiges Gitter stören. In einem zweiten Schritt verwendeten sie die aus Sehtests bekannten Landoltringe. Hierbei wurde von Probanden die Sichtbarkeit der Öffnungsrichtung des Landoltrings für Tropfen unterschiedlicher Volumen und Kontaktwinkel bewertet. Die Ergebnisse zeigen, dass für die Durchsicht durch einen singulären Tropfen kleine Tropfenvolumen und hohe Kontaktwinkel vorteilhaft sind. Inwieweit dies auf Ablagerungen von Spray mit einer Vielzahl von Tropfen übertragen werden kann und welchen Einfluss Reflexionen von Licht haben können, müssen weitere Arbeiten zeigen. Gleiches gilt für sich bewegende Tropfen und Rinnsale.

2.3 Numerische Simulation der Mehrphasenströmung

Die numerische Strömungssimulation (englisch: Computational Fluid Dynamics, CFD) ist heute ein wichtiges und etabliertes Werkzeug in der Fahrzeugentwicklung. Das Vertrauen in die korrekte Simulation der Um- und Durchströmung gründet auf einer Vielzahl von Validierungen, der stetigen Weiterentwicklung der in der CFD-Software implementierten Modelle und der, dank wachsender Rechenleistung, fortschreitenden Detaillierung der geometrischen Modelle.

Numerische Verfahren bieten gegenüber dem Versuch zwei wesentliche Vorteile. Zum einen werden keine realen Fahrzeuge oder Komponenten benötigt, wodurch sich die Simulation sehr früh im Entwicklungsprozess einsetzen lässt. Zum anderen liefert sie neben den integralen Größen auch Informationen über das Strömungsfeld und fördert damit das Verständnis der Wirkzusammenhänge.

Beide Vorteile machen die numerische Simulation äußerst interessant zur Untersuchung verschiedener Mehrphasenströmungen im Rahmen der Fahrzeugentwicklung. Diese reichen von der Gemischbildung im Brennraum, dem Lackierprozess in der Fertigung über die Wasserdurchfahrt bis zu der in dieser Arbeit thematisierten Sichtfreihaltung während der Regenfahrt. Für diese beschriebenen Anwendungsfälle wird die meist gasförmige, einphasige Strömungssimulation um eine zweite, meist flüssige Phase ergänzt. Als Einstieg in die Thematik sei an dieser Stelle explizit auf die ausführliche Zusammenfassung von *Hagenmeier et al.* [4] verwiesen. Aufgrund der Vielfalt der Anwendungsfälle wird sich im Folgenden nur auf die für die Sichtfreihaltung relevanten Verfahren konzentriert.

Sollen die Trajektorien und Auftreffpunkte von Partikeln oder Tropfen simuliert werden, wird in der Regel eine disperse Mehrphasenströmung eingesetzt. Hierbei bildet die Luft die kontinuierliche Trägerphase für die disperse Phase diskreter Partikel oder Tropfen. Die Partikel werden in der Regel vereinfacht als sphärische Körper angenommen und ihre Bahn aus den auf sie einwirkenden äußeren Kräften bestimmt. Im einfachsten Fall wird die Partikelbahn in einem stationären Strömungsfeld mit einer einfachen Kopplung berechnet. Das heißt, ein Partikel erfährt Kräfte aus der kontinuierlichen Phase, hat aber keine Rückwirkung auf diese. Soll die Rückwirkung von dem Partikel auf das Strömungsfeld berücksichtigt werden, muss eine Zwei-Wege-Kopplung angewendet werden.

Ein Beispiel für die Ein-Weg-Kopplung ist die Simulation des Absprühbildes eines frei drehenden Rades durch *Spruss et al.* [23]. Grundlage für ihre Simulationen waren experimentell ermittelte Tropfenspektren über den Reifenumfang eines auf einem Wasserfilm abrollenden Rades. Ihr qualitativer Vergleich zwischen Laserschnitten und Simulationsergebnis zeigt eine sehr gute Übereinstimmung.

Unabhängig voneinander zeigen *Zivkov* [24] sowie *Gaylard und Duncan* [25] das Potenzial der dispersen Mehrphasenströmung zur Simulation der Gesamtfahrzeugverschmutzung durch Schmutzpartikel.

Gilt es jedoch, ausgehend von der Benetzung der Fahrzeugoberfläche durch Partikel, die Gestalt und Bewegung von Flüssigkeit auf der Oberfläche zu simulieren, werden die Anforderungen an die Simulationsmethoden äußerst komplex. Für die Simulation der Sichtfreihaltung werden in der Literatur häufig Filmmodelle verwendet [26–30]. Viele basieren auf dem diskreten Phasen-Wandfilm-Modell von *O'Rourke und Amsden* [31], das für die innermotorische Gemischbildung entwickelt wurde. Dieses Modell beschreibt jedoch keine freie Phasengrenze, sondern der Film besteht weiterhin aus diskreten Partikeln. Die lokale Filmhöhe ist ein Skalar, der sich aus der lokalen Partikelanzahl berechnet.

Die im Bereich A-Säule und Seitenscheibe auftretenden Benetzungsphänomene, skizziert in Abbildung 2.2 und im Folgenden beschrieben, kann ein reines Filmmodell nur eingeschränkt darstellen. Der Bereich des Wischers weist in der Regel eine für Scheiben typische, gute Benetzbarkeit auf, da der Wischer etwaige hydrophobe Beschichtungen abrasiv abträgt. Daher bilden sich in diesem Bereich dünne Filme, die durch ein Filmmodell dargestellt werden können. Außerhalb des Wischbereichs sind die Oberflächen meist hydrophob und es bilden sich Tropfen und Rinnsale mit einer freien dreidimensionalen Oberfläche. An Kanten kann sich Flüssigkeit sammeln und aufdicken. Spalte, wie sie zum Ableiten von Flüssigkeit verwendet werden, können sich füllen und überlaufen. Oberflächenwellen führen zu Ablösung von Ligamenten, die in der Strömung schnell zerstäuben. Durch die Oberflächenspannung kommt es zu Kapillareffekten, die insbesondere an Rücksprüngen sichtbar werden. Durch Rücksprünge kommt es aber auch zur Ablösung von Flüssigkeit von der Oberfläche.

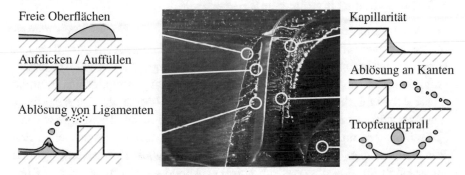

Abbildung 2.2: Benetzungsformen im Bereich Frontscheibe, A-Säule und Seitenscheibe.

Aufgrund der Limitierungen des Filmmodells beschäftigen sich viele Veröffentlichungen mit Erweiterungen zur Modellierung einzelner Phänomene. Beispiele mit Bezug zur Sichtfreihaltung finden sich in *Borg und Vevang* [27] oder *Campos et al.* [32]. Während *Borg und Vevang* die Modellierung der Tropfen-Wand-Interaktion zur Vorhersage der Seitenscheibenbenetzung diskutieren, beschreiben *Campos et al.* eine Erweiterung des Filmmodells zur Modellierung von ablösenden Tropfen an Kanten oder durch Filminstabilitäten.

Für die Sichtfreihaltung ist das größte Defizit des Filmmodells die fehlende Modellierung der freien Oberfläche. Zum einen hat die Gestalt der Benetzung großen Einfluss auf das Fließverhalten unter Windlast (siehe Abschnitt 6.1.2), zum anderen ist ohne freie Oberflächen das Voll- und Überlaufen von Vertiefungen nicht korrekt darstellbar. Ein Filmmodell verliert folglich an den für die Sichtfreihaltung relevanten geometrischen Stellhebeln wie Wasserfangleisten, Zierleisten und Dichtfugen seine Gültigkeit.

Für eine realitätsnahe Abbildung des Fluids auf der Fahrzeugoberfläche müssen demnach Modelle gewählt werden, die eine echte Phasengrenze, also eine freie Oberfläche darstellen können. Ein verbreiteter Ansatz ist die von *Hirt und Nichols* [33] vorgestellte Volume-of-Fluid-Methode (kurz VOF-Methode). Zusätzlich zu den Erhaltungsgleichungen wird für jede weitere Phase ihr Volumenanteil als Skalar berechnet. Die Berechnung des Strömungsfelds erfolgt in einem räumlich festen Gitter. Darauf aufbauend kann mit einer Niveaumengenmethode über den Volumenanteil der flüssigen Phase die Phasengrenze bestimmt werden (engl. Level-Set-Method). Ein Beispiel einer VOF-Simulation ist in Abbildung 2.3 gegeben.

Das VOF-Verfahren ist konzipiert für die Simulation von getrennten Phasen in einem gemeinsamen Rechengitter. Das heißt, sollen Tropfen oder Rinnsale simuliert werden, müssen diese durch das Berechnungsgitter aufgelöst werden. Abbildung 2.3 zeigt ein Rinnsal unter Schubspannung, simuliert im Rahmen dieser Arbeit mit der in StarCCM+ integrierten VOF-Methode. Zur Abbildung einer realitätsnahen freien Oberfläche ist die Region der Phasengrenze mit Zellgrößen von unter 0,02 mm sehr fein aufgelöst. Zwar wird so der in den Randbedingungen vorgegebene statische Kontaktwinkel dargestellt, jedoch müsste sich für eine physikalisch korrekte Abbildung ein dynamischer Kontaktwinkel (siehe Abschnitt 3.1.2) am Umfang der Aufstandslinie des Rinnsals ausbilden.

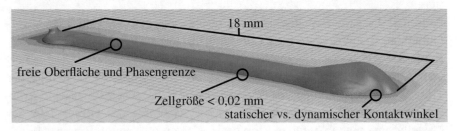

Abbildung 2.3: Volume-of-Fluid Simulation eines Rinnsals mit StarCCM+.

Zusätzlich zu den Schwächen bei der Modellierung erschwert die notwendige feine Auflösung die Simulation der Sichtfreihaltung. Dabei ist die Herausforderung weniger der große Speicherbedarf, sondern die geringe Zeitschrittweite, die für eine stabile Simulation erforderlich ist. Eine stabile Simulation ist dann gegeben, wenn Fehler, die im Laufe des numerischen Lösungsprozes-

Größe innerhalb eines Zeitschritts keine Zellen überspringen darf. Ausgedrückt wird dies durch die in Gl. 2.1 angegebene Courant-Friedrichs-Lewy-Zahl (kurz CFL-Zahl) und der Bedingung $CFL < 1$. Für das Beispiel aus Abbildung 2.3 ergibt die Kombination aus sehr feiner Auflösung bei gleichzeitig hohen Windgeschwindigkeiten eine Zeitschrittweite im Bereich von 10^{-7} Sekunden. Da für die Sichtfreihaltung mehrere physikalische Sekunden simuliert werden müssten, liefert dieses Vorgehen bei heutigen Ressourcen nicht die notwendigen kurzen Durchlaufzeiten, die im Fahrzeugentwicklungsprozess verlangt werden.

$$CFL = \frac{u\Delta t}{\Delta x} \qquad\qquad \text{Gl. 2.1}$$

Ein weiteres Verfahren, das das Potenzial zur Simulation der freien Oberfläche hat, ist die Methode der Smoothed-Particle Hydrodynamics (kurz SPH, zu deutsch: geglättete Teilchen Hydrodynamik). In dem ursprünglich für die Astrophysik durch *Lucy* [35] sowie *Gingold und Monaghan* [36] entwickelten gitterlosen Verfahren werden die unterschiedlichen Phasen durch Partikel repräsentiert und das Fluidverhalten ergibt sich aus den Partikelinteraktionen. Jedoch ist zum Zeitpunkt der Arbeit noch kein kommerzielles Programm verfügbar, das für die Komplexität der Fahrzeugumströmung validiert wurde.

Die beschriebenen, kommerziell verfügbaren Modelle bilden mit ihren Limitierungen zum Zeitpunkt der Arbeit keine robuste und ressourcengerechte Grundlage für die Untersuchung von Rinnsal- und Tropfenströmungen am Gesamtfahrzeug. Damit können sie, nach Ansicht des Autors, nicht für die Entwicklung und Untersuchung der Sichtfreihaltung eingesetzt werden.

2.4 Wassermanagement im Bereich A-Säule und dessen Begrifflichkeiten

Das Wassermanagement im Bereich der A-Säule hat das Ziel den Wasserübertritt über die A-Säule zu verhindern. Abbildung 2.4 dient zur Vorstellung und Einführung der Begrifflichkeiten eines typischen Wassermanagementkonzepts.

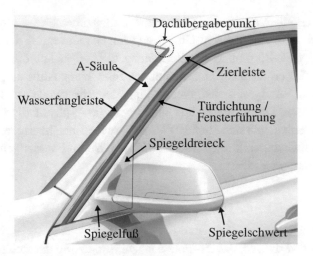

Abbildung 2.4: Begrifflichkeiten im Bereich A-Säule.

Viele Fahrzeuge haben zwischen der Frontscheibe und der A-Säule eine Wasserfangleiste, die als erstes Element des Wassermanagements den direkten,
flächigen Übertritt von der Windschutzscheibe auf die A-Säule verhindern soll.
Die Wasserfangleiste kann entweder nur den Bereich der A-Säule abdecken
(siehe Abbildung 2.4) oder sich bis über die Heckscheibe erstrecken. Die Zierleiste entlang des Seitenrahmens kann als eine zweite kleinere Wasserfangleiste konzipiert werden. Die Türdichtung in Kombination mit der Fensterführung ist weniger ein Element des Wassermanagementkonzepts als eine notwendige Abdichtung des Fahrzeuginnenraums. Dennoch kann über die Gestaltung der Dichtung das abfließende Wasser gezielt gelenkt werden, um einen
Übertritt auf die Seitenscheibe zu verhindern.

Aus der Perspektive der Sichtfreihaltung ist die Anforderung an einen Außenspiegel die Vermeidung der Bildung von Sprühnebel, der sich auf der Seitenscheibe absetzen könnte und die gezielte Ableitung von auf dem Spiegel auf-
treffendem Wasser. Im Allgemeinen gibt es zwei Anbindungskonzepte für den
Spiegel an die Karosserie. Entweder wird der Spiegel über den Spiegelfuß, wie
in Abbildung 2.4 dargestellt, mit der Fahrzeugtür im Eckbereich A-Säule und
Türbrüstung verbunden oder er wird abweichend von der Grafik am Türblech
unterhalb der Brüstungslinie angebunden. Unabhängig davon reicht bei vielen
Türkonzepten die Seitenscheibe nicht bis vorne und das entstehende Dreieck
wird durch das Spiegeldreieck ausgefüllt.

3 Grundlagen

Tritt eine Flüssigkeit mit einer Oberfläche in Kontakt, resultiert die Gestalt der Benetzung aus der Oberflächenspannung von Flüssigkeit und umgebender Gasphase und der Oberflächenenergie des Festkörpers. Wie später gezeigt wird, hat die Gestalt der Benetzung einen entscheidenden Einfluss auf die Sichtfreihaltung, so dass diese Thematik in den Grundlagen erörtert wird.

Da der primäre Wassereintrag auf ein Fahrzeug während der Regenfahrt erfolgt, wird der natürliche Niederschlag und seine Charakteristik im Anschluss diskutiert.

3.1 Benetzung von Festkörpern

Die Benetzung beschreibt den Vorgang, wie sich Flüssigkeiten auf einer festen Oberfläche verhalten, wenn sie mit ihr in Kontakt treten. Die Ausprägung der Benetzung hängt im Wesentlichen von der Oberflächenspannung der Flüssigkeit, der freien Oberflächenenergie des Festkörpers und der Oberflächenbeschaffenheit ab. Von einer guten Benetzung wird gesprochen, wenn sich ein Tropfen auf einer Oberfläche flächig ausdehnt. Dieser Vorgang wird als Spreiten bezeichnet. Demgegenüber wird von einer schlechten Benetzbarkeit gesprochen, wenn sich der Tropfen zusammenzieht.

Bezüglich der Oberflächenenergie muss zwischen idealen und realen Oberflächen unterschieden werden. Ideale Oberflächen werden als perfekt glatt betrachtet. Reale Oberflächen weisen Strukturierungen, Inhomogenität und Rauigkeit auf, die Einfluss auf das Benetzungsverhalten haben können [37]. Die folgenden Erläuterungen gelten daher für ideale Oberflächen.

3.1.1 Oberflächenspannung, Oberflächenenergie und Kontaktwinkel

Die Oberflächenspannung ist eine Kraft an der Oberfläche von Flüssigkeiten und verleiht dieser spezielle Eigenschaften. Sie ist der Grund dafür, dass Wasser Tropfen bildet. Aus makroskopischer Perspektive ist die Oberflächenspannung eine Kraft pro Längeneinheit parallel zur Oberfläche oder eine Energie

© Springer Fachmedien Wiesbaden GmbH, ein Teil von Springer Nature 2018
H. Vollmer, *Neue Methoden zur Analyse der Benetzung von Pkw-Seitenscheiben*,
Wissenschaftliche Reihe Fahrzeugtechnik Universität Stuttgart,
https://doi.org/10.1007/978-3-658-22488-2_3

pro Fläche. Diese mechanische Betrachtungsweise resultiert aus intermolekularen und thermodynamischen Effekten auf mikroskopischer Ebene [38].

Die Kraftwirkung auf Atome oder Moleküle an der Oberfläche unterscheidet
sich von der im Phaseninneren. Oberflächeneffekte, die bei großen Phasen
vernachlässigt werden können, gewinnen mit zunehmendem Verhältnis von
Oberflächengröße zu Volumen an Bedeutung [39].

Im Gegensatz zu Festkörpern können sich die Teilchen in Fluiden und Gasen
bewegen. Zwischen den Teilchen wirken je nach Abstand sowohl anziehende
als auch abstoßende Kräfte, was mit dem Lennard-Jones-Potenzial beschrieben
werden kann. Die abstoßenden Kräfte wirken, weitgehend unabhängig von der
umgebenden molekularen Struktur, isotrop im Nahfeld. Umgekehrt wirken die
anziehenden Kräfte auf weite Distanzen und sind abhängig von der umgebenden molekularen Struktur und damit anisotrop [40].

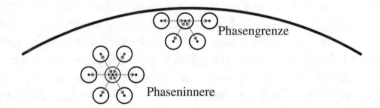

Abbildung 3.1: Modell zur Deutung der Oberflächenspannung (vgl. [40]).

Der Übergang von der Gasphase in die Flüssigkeitsphase ist nicht mit einem
Dichtesprung, sondern mit einem wenige Moleküle breiten Dichteübergang
verbunden. So stellt sich erst nach wenigen Molekülbreiten ein Gleichgewicht
aus anziehenden und abstoßenden Kräften ein. Aufgrund der durch die Grenzfläche fehlenden nächsten Nachbarn und der Übergangsphase mit einer geringeren Teilchendichte und dem damit verbundenen erhöhten Teilchenabstand,
überwiegen in dieser Region die Adhäsionskräfte (siehe Abbildung 3.1) [40].
Diese lokale potenzielle Energie wird als freie Oberflächenenergie bezeichnet.
Bei Fluiden äußert sie sich in einer starken lokalen Grenzflächenspannung γ
parallel zur Phasengrenze [40].

Soll die Oberfläche der Flüssigkeit vergrößert werden, muss Arbeit geleistet
werden, um Bindungen der Teilchen im Phaseninneren zu lösen [38].

Für die Kombination aus Flüssigkeit und Gas wird diese Grenzflächenspannung γ im Allgemeinen als Oberflächenspannung σ_{lv} bezeichnet.

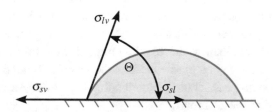

Abbildung 3.2: Skizze eines Tropfens auf einer ebenen und horizontalen Festkörperoberfläche mit der Definition der drei Phasengrenzen und des Kontaktwinkels Θ.

Wird, wie in Abbildung 3.2 dargestellt, ein Tropfen auf eine ebene, horizontale Oberfläche aufgebracht, bildet sich ohne äußere Kräfte ein statisches Gleichgewicht. Hierbei nimmt der Tropfen einen für das System charakteristischen Kontaktwinkel zur Oberfläche ein. Für diesen Fall beschreibt die Gleichung nach *Young* (siehe Gl. 3.2) den Zusammenhang zwischen dem resultierenden Kontaktwinkel Θ, der Oberflächenspannung der Flüssigkeit σ_{lv}, der freien Oberflächenenergie des Festkörpers σ_{sv} und der Grenzflächenspannung zwischen Flüssigkeit und Festkörper γ_{sl} [39].

$$\sigma_{sv} = \gamma_{sl} + \sigma_{lv}\cos(\Theta) \qquad \text{Gl. 3.2}$$

Für den Prüfstandsversuch als auch für die Straßenfahrt kann die Oberflächenspannung von Wasser als annähernd konstant angenommen werden. Dies gilt insbesondere im Vergleich zur Varianz der freien Oberflächenenergie, die durch äußere Einflüsse stark beeinflussbar ist. In der Literatur zur Fahrzeugverschmutzung wird die Benetzbarkeit einer Oberfläche als Einflussfaktor auf die Versuchsergebnisse erwähnt, es findet sich jedoch keine Quantifizierung der Oberflächenenergie [19, 41].

Die für die Sichtfreihaltung im Fokus stehenden Fahrzeugscheiben haben, wie Glasscheiben allgemein, an ihrer Oberfläche einen hohen Anteil an polaren OH-Gruppen und damit eine hohe freie Oberflächenenergie, die mit einer ausgeprägten Benetzbarkeit einhergeht [42, 43]. Um das Abperlen von Flüssigkeit zu fördern, wird bei der maschinellen Fahrzeugreinigung die Fahrzeugaußenhaut mit Substanzen beaufschlagt, die durch eine Oberflächenbeschichtung die Reduktion der Oberflächenenergie bewirken. Abgesehen von Spezial-produkten gehen die in Waschanlagen verwendeten Substanzen keine reaktive, langanhaltende Verbindung mit einer Fahrzeugscheibe ein. Die Beschichtung trägt sich daher mit der Zeit ab und die Oberflächenenergie der Scheibe steigt. Dieser Abtrag wird durch abrasive Vorgänge wie das Hoch- und Herunter-fahren der Seitenscheiben weiter beschleunigt. Daraus folgt, dass das Benet-zungsverhalten einer Fahrzeugscheibe keine konstante Randbedingung ist. Sie ist vielmehr eine zu beobachtende Randbedingung auf deren Änderung gege-benenfalls reagiert werden muss.

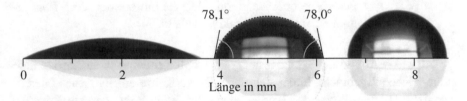

Abbildung 3.3: Beispiel zur Variation der Tropfengestalt auf einer unter-schiedlich vorkonditionierten Glasscheibe.

Als Beispiel für die Beeinflussbarkeit der Tropfengestalt durch die Oberflä-chenenergie sind in Abbildung 3.3 drei Wassertropfen gleicher Oberflächen-spannung auf einer unterschiedlich vorkonditionierten Glasscheibe dargestellt. Über den Kontaktwinkel entlang der Drei-Phasen-Kontaktlinie kann die Ober-flächenenergie der Scheibe quantifiziert werden. Der kleine Kontaktwinkel des linken Tropfens ist Ausdruck einer vergleichsweise guten Benetzbarkeit bzw. einer hohen Oberflächenenergie der Scheibe. Bei einem Kontaktwinkel von 0° wird von superhydrophilen, bis 90° von hydrophilen und danach von hydrophoben, super- und ultrahydrophoben Oberflächen gesprochen.

Die in der Young-Gleichung (siehe Gl. 3.2) vorausgesetzte Vernachlässigung der Gravitationskraft ist solange gültig, wie die Bond-Zahl *Bo* als Verhältnis zwischen Gravitationskraft und Oberflächenkraft sehr viel kleiner als eins ist.

$$Bo = \frac{\rho g r^2}{\sigma_{lv}}$$ Gl. 3.3

Für eine gegebene Flüssigkeit definiert der Fall $Bo = 1$ eine charakteristische

auf einer Oberfläche befindlichen Tropfens kleiner als die Kapillarlänge, die für Wasser $\approx 2{,}7\,\text{mm}$ beträgt, dominicren Kapillareffekte [44].

$$l_c = \sqrt{\frac{\sigma_{lv}}{\rho g}} \qquad \text{Gl. 3.4}$$

Die Ausdehnung eines Tropfens auf einer Oberfläche ist neben den erläuterten Grenzflächenspannungen vom Tropfenvolumen abhängig. Hydrophile Oberflächen führen zu sich auf der Oberfläche ausbreitenden Tropfen, deren Basisradius bei gleichem Volumen größer ist als auf hydrophoben Oberflächen. Bei der Applizierung der Tropfen sollte daher das Volumen der Oberfläche angepasst werden. Für hydrophile Oberflächen ergibt sich ein analytischer Zusammenhang zwischen Volumen und Basisradius über das Kugelkappenmodell aus Abbildung 3.4a.

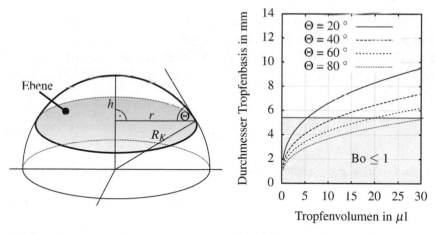

(a) Kugelkappenmodell (vgl. [45]). (b) Abhängigkeit zwischen Tropfenvolumen und Tropfendurchmesser.

Abbildung 3.4: Zusammenhang aus Tropfenvolumen und Tropfendurchmesser zur Bestimmung der Gültigkeit der Vernachlässigung der Gravitationskraft für verschiedene Kontaktwinkel.

Das Volumen einer Kugelkappe ergibt sich aus Gleichung Gl. 3.5.

$$V_K = \frac{\pi}{3} h^2 (3R_K - h) \qquad \text{Gl. 3.5}$$

Mit den aus Abbildung 3.4a abzuleitenden Beziehungen

$$h = R_K(1 - cos\Theta)$$ Gl. 3.6

und

$$r = R_K sin\Theta$$ Gl. 3.7

ergibt sich der Radius der Aufstandsfläche zu

$$r = \left(\frac{3V_K sin^3\Theta}{\pi(1 - cos\Theta)^2(2 + cos\Theta)} \right)^{1/3}.$$ Gl. 3.8

Das Diagramm in Abbildung 3.4b offenbart, dass auch bei kleinen Tropfenvolumen ein Gravitationseinfluss vorhanden ist. Dies gilt insbesondere für hydrophile Oberflächen. Vorteilhaft ist ein geringes Tropfenvolumen und es sind daher Volumen kleiner als 10 µl anzustreben.

Ähnlich wie bei der Vergrößerung der Oberfläche muss für das Ablösen eines Tropfens von einem Festkörper Arbeit aufgebracht werden. Die Adhäsionsarbeit W_A in J/m² bzw. N/m wird für die Schaffung der neuen Festkörper- und Flüssigkeitsoberfläche abzüglich der vorherigen Grenzfläche fest/flüssig benötigt.

$$W_A = \sigma_{lv} + \sigma_{sv} - \gamma_{sl}$$ Gl. 3.9

Mit der Gleichung nach Young folgt damit die Young-Dupré Gleichung [46].

$$W_A = \sigma_{lv}(1 + cos\Theta)$$ Gl. 3.10

Zur Ablösung müssen Kräfte resultierend aus den Wechselwirkungen zwischen Festkörper und Flüssigkeit überwunden werden. Aufbauend auf der Theorie nach *Fowkes* [47], wonach die Wechselwirkungen die Summe aus verschiedenen unabhängigen intermolekularen Kräften sind, schließen *Owens und Wendt* [48], sowie *Rabel* [49] und *Kaelble* [50] auf die Existenz von polaren und dispersen Wechselwirkungen, die jeweils nur untereinander wirken. Im Unterschied zu dispersen Kräften, die in allen Atomen und Molekülen durch temporär asymmetrische Ladungsverteilung auftreten, sind polare Kräfte permanent und das Resultat aus den Wechselwirkungen von Dipolen bzw. der Polarisierbarkeit eines Moleküls durch einen Dipol. Die Ablösearbeit setzt sich damit wie folgt zusammen.

$$W_A = W_A^p + W_A^d \qquad \text{Gl. 3.11}$$

Im Weiteren folgern *Owens und Wendt* [48], sowie *Rabel* [49] und *Kaelble* [50], dass die Adhäsionsarbeit als geometrischer Mittelwert eines dispersen und eines polaren Anteils der Grenzflächenspannungen interpretiert werden kann.

$$W_A = 2 \left(\sqrt{\sigma_s^p \sigma_l^p} + \sqrt{\sigma_s^d \sigma_l^d} \right). \qquad \text{Gl. 3.12}$$

In Kombination mit der Young-Dupré Gleichung folgt daraus:

$$\sigma_{lv} \left(1 + cos(\Theta) \right) = 2 \left(\sqrt{\sigma_s^p \sigma_l^p} + \sqrt{\sigma_s^d \sigma_l^d} \right). \qquad \text{Gl. 3.13}$$

Werden die Kontaktwinkel zweier Fluide, deren polarer und disperser Anteil zur Oberflächenspannung bekannt und verschieden ist, gemessen, kann mit Gl. 3.13 die Oberflächenenergie eines Festkörpers bestimmt werden. Typischerweise werden Wasser und Diiodmethan als Testflüssigkeiten eingesetzt. Die relativ hohe Oberflächenspannung von Wasser beruht auf der Kombination von polaren und dispersen Wechselwirkungen. Diiodmethan ist dagegen vorwiegend unpolar, hat aber eine relativ hohe disperse Oberflächenspannung.

Tabelle 3.1: Daten der Testflüssigkeiten Wasser und Diiodmethan zur Bestimmung der Oberflächenenergie nach [51].

Flüssigkeit	σ_l $[mN/m]$	σ_l^d $[mN/m]$	σ_l^p $[mN/m]$
Wasser	72,8	21,8	51,0
Diiodmethan	50,8	50,8	0,0

3.1.2 Kontaktwinkelhysterese

Wird das Volumen eines auf einer horizontalen Oberfläche befindlichen Tropfens erhöht, ist zu beobachten, dass sich dessen Kontaktlinie bis zu einer gewissen Grenze nicht bewegt, der Kontaktwinkel aber zunimmt (siehe Abbildung 3.5a). Im gegensätzlichen Fall, der Reduktion des Tropfenvolumens, sinkt zunächst der Kontaktwinkel auf einen bestimmten Wert, bevor sich die Kontaktlinie zurückzieht. Die charakteristischen Kontaktwinkel der gerade noch statischen Kontaktlinie werden fortschreitender Kontaktwinkel Θ_A und rückschreitender Kontaktwinkel Θ_R genannt (siehe Abbildung 3.5b). Die Differenz der beiden Kontaktwinkel wird als Kontaktwinkelhysterese bezeichnet. Wird sie unter- oder überschritten, kommt es zur Bewegung der Kontaktlinie und es bilden sich der dynamische, fortschreitende Kontaktwinkel $\Theta_{A,d}$ und der zurückschreitende Kontaktwinkel $\Theta_{R,d}$.

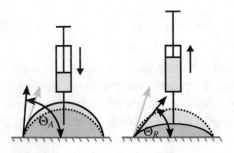 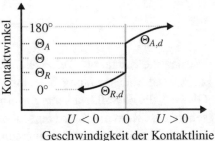

(a) Bestimmung der statischen Grenz-winkel durch Steigerung und Re-duzierung des Tropfenvolumens.

(b) Schematische Darstellung der Kontaktwinkelhysterese.

Abbildung 3.5: Beispiel zur Ermittlung der Kontaktwinkelhysterese mit sche-matischem Verlauf nach *Dussan* [52] und *Zielke* [53].

Wird ein Tropfen auf eine geneigte Ebene aufgebracht oder befindet sich unter Windlast, neigt sich der Tropfen in Richtung der äußeren Kraft (siehe Abbildung 3.6). Die entstehende Hysterese stellt der Tropfenbewegung eine Widerstandskraft gegenüber, so dass sich der Tropfen nicht zwangsläufig bewegt.

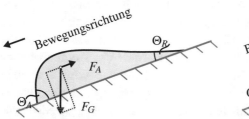 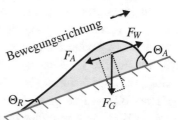

(a) Dynamik des Tropfens auf einer geneigten Ebene unter Gravitationseinfluss. **(b)** Dynamik des Tropfens unter Einfluss von Gravitation und Windkraft.

Abbildung 3.6: Kontaktwinkelhysterese auf der geneigten Ebene mit und ohne Windlast nach *Roser* [45].

Die Adhäsionskraft F_A, die der Tropfenbewegung entgegensteht, wird in der Literatur mit Gl. 3.14 beschrieben. Die Größe U_T ist eine Längeneinheit und repräsentiert den Umfang der Tropfenkontur. Der Faktor k ist abhängig von der Tropfengeometrie und muss empirisch ermittelt werden. In der Literatur herrscht jedoch Uneinigkeit bezüglich des Faktors k und es finden sich stark differierende Größenangaben. [54]

$$F_A = \sigma_{lv} k U_T (cos(\Theta_R) - cos(\Theta_A)).$$ Gl. 3.14

Aus Gl. 3.14 ist ein linearer Zusammenhang zwischen dem Umfang der Tropfenkontur und der Adhäsionskraft zu entnehmen. Aus Gl. 3.8 folgt, dass der Tropfenradius und damit dessen Umfang von der dritten Wurzel des Tropfenvolumens abhängt. Die Gravitationskraft hängt jedoch linear vom Tropfenvolumen ab. Daher steigt die Bedeutung der Adhäsionskraft gegenüber der Gravitationskraft mit abnehmendem Tropfenvolumen. Das ist der Grund für das Anhaften von kleineren Tropfen auf der Seitenscheibe bei geringen Fahrgeschwindigkeiten. Erst mit dem Überschreiten der Hysterese tritt eine Bewegung ein.

3.1.3 Kontaktwinkelmessung

Zur Bestimmung des statischen Kontaktwinkels wurde das MobileDrop GH11 Messgerät der Firma Krüss (siehe Abbildung 3.7) eingesetzt. Das handliche

Messgerät kann frei positioniert werden und ist damit für den Einsatz am Fahrzeug geeignet. Das Messgerät verfügt über eine Dosiernadel, mit der ein Tropfen auf die gewünschte Oberfläche appliziert wird. Um den Einfluss der Gravitation auf die Tropfengestalt zu minimieren, wurde ein Tropfenvolumen von maximal 6 µL angestrebt. Die Gestalt des Tropfens wird von einer integrierten Kamera aufgezeichnet. Die zum Messgerät zugehörige Bildauswertung erfolgt am Computer und liefert den Kontaktwinkel. Werden, wie in Abschnitt 3.1.1 beschrieben, die Kontaktwinkel zweier verschiedener aber bekannter Fluide ermittelt, liefert die Software zusätzlich die Oberflächenenergie des Festkörpers nach Gl. 3.13.

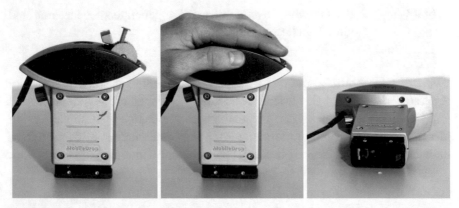

(a) Messgerät mit Dosier- **(b)** Applizieren des Trop- **(c)** Applizierter Tropfen.
nadel.   fens.

Abbildung 3.7: Kontaktwinkelmessung mit dem Krüss MobileDrop GH11.

Die Messung des statischen Kontaktwinkels einer Oberfläche erfolgt in der Regel auf der ebenen Platte. Da dies für verbaute Fahrzeugscheiben nicht möglich ist, wurde zunächst die Gültigkeit der Kontaktwinkelmessung auf der geneigten Scheibe untersucht. Hier führt die Neigung der Scheibe zur beschriebenen Kontaktwinkelhysterese. Die Ausbildung des fortschreitenden und rückschreitenden Kontaktwinkels ist mit einer Variation des Kontaktwinkels entlang des Tropfenumfangs verbunden. Dies betrifft auch die seitlichen Flanken, die mit dem Messgerät erfasst werden. Die lokale Wölbung der Scheibe kann im Verhältnis zur Tropfengröße vernachlässigt werden.

Mit der in Abbildung 3.8a abgebildeten Vorrichtung zur Variation der Schei-

gungswinkel, Kontaktwinkel gemessen. Die Variation der Oberflächen-beschaffenheit erfolgte über die Beschichtung der Scheibe mit verschiedenen Substanzen. Es wurden vier diskrete Zustände im Kontaktwinkelbereich zwischen ca. 45° und 110° eingestellt, die als Konditionen eins bis vier im Diagramm aufgetragen sind. Die Tropfen wurden entlang der Drehachse, auf der die Winkeleinstellung gültig ist, aufgebracht und vermessen. Um Mess-unsicherheiten Rechnung zu tragen, wurde der Kontaktwinkel für jeweils zehn Tropfen ermittelt und gemittelt. Zunächst wurde der Kontaktwinkel bei einer horizontalen Seitenscheibe (0°) gemessen und dann die Neigung in 15° Schrit-ten bis zu 90° gesteigert. Zur Überprüfung gleichbleibender Oberflächeneigen-schaften wurde die (0°) Messung zum Abschluss jeder Winkeleinstellung wiederholt.

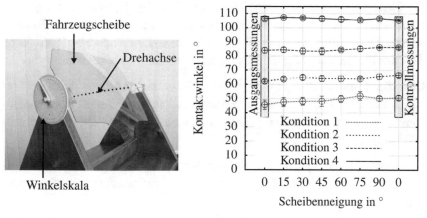

(a) Versuchsaufbau zur Rota-tion einer Fahrzeugscheibe.

(b) Kontaktwinkelverlauf über dem Anstell-winkel der Scheibe.

Abbildung 3.8: Versuchsaufbau und Ergebnisse zur Überprüfung der Gültig-keit der Kontaktwinkelmessung auf der geneigten Fahrzeug-scheibe unterschiedlicher Konditionierung.

Die Ergebnisse sind in Abbildung 3.8b aufgetragen. Das Diagramm zeigt den Kontaktwinkel von Wasser über der Scheibenneigung bei verschiedenen Ober-flächenbeschaffenheiten. Die Fehlerbalken zeigen eine homogene Verteilung, in deren Rahmen die Reproduzierbarkeit auch zwischen der ersten 0° Messung und der 0° Kontrollmessung zum Schluss einer Messreihe gegeben ist. Aus den

einzelnen Winkelreihen lässt sich folgern, dass der Einfluss der Scheibenneigung auf die Kontaktwinkelmessung an den Tropfenflanken gegenüber lokalen
Inhomogenitäten der Oberflächenenergie der Scheibe gering ist. Die Messung
des Kontaktwinkels an einer geneigten Fahrzeugscheibe erfüllt damit den Anspruch zur Klassifizierung des Scheibenzustands auf $\pm 5°$.

Zur Wiederholung der wesentlichen Aspekte soll die Benetzung von Festkörpern nochmals kurz zusammengefasst werden.

- Die Benetzung beschreibt, wie sich Flüssigkeiten verhalten, wenn sie auf
  einen Festkörper aufgebracht werden.

- Auf idealen Oberflächen hängt die Ausprägung der Benetzung von der Oberflächenspannung der Flüssigkeit und der freien Oberflächenenergie des Festkörpers ab.

- Die Benetzbarkeit einer Oberfläche kann über den Kontaktwinkel quantifiziert werden. Es gilt je kleiner der Kontaktwinkel, desto besser die Benetzbarkeit. Durch eine Steigerung der Oberflächenenergie oder das Reduzieren
  der Oberflächenspannung der Flüssigkeit sinkt der Kontaktwinkel.

- Über die Kontaktwinkelmessung zweier Fluide, deren polarer und disperser
  Anteil zur Oberflächenspannung bekannt und verschieden ist, kann die an-
  sonsten nicht direkt messbare Oberflächenenergie eines Festkörpers ermittelt werden.

- Die Kontaktwinkelhysterese stellt der Tropfenbewegung eine Adhäsionskraft entgegen, die zum Haften von Tropfen auf geneigten Flächen oder
  unter Windlast führt.

- Aufgrund des geringen Tropfenvolumens ist der Fehler, resultierend aus der
  Kontaktwinkelmessung über die Tropfenflanken, auf der geneigten Scheibe
  vernachlässigbar.

3.2 Niederschlag

Kenngrößen, wie die Niederschlagsintensität oder das damit verbundene
Tropfenspektrum, sind für die Untersuchung der Sichtfreihaltung wichtige
Randbedingungen und Grundlage für die Übertragung der Regenfahrt auf den
Prüfstand und die numerische Simulation.

Wird die Gischt vorausfahrender Fahrzeuge vernachlässigt, wird der Wassereintrag auf ein Fahrzeug während der Regenfahrt durch die Niederschlagsintensität und die Fahrgeschwindigkeit bestimmt. Die Regen- bzw. Niederschlagsintensität R wird üblicherweise als Höhe der Wassersäule pro Quadratmeter und Zeit in mm/h angegeben. Dies ist äquivalent zur Angabe der Wassermenge pro Zeit in l/h.

Abhängig von ihrer Größe und Form erreichen Tropfen eine terminale Fallgeschwindigkeit, für die sich Gravitationskraft und Luftwiderstand ausgleichen. Hier gilt es zu berücksichtigen, dass ein Tropfen nur so lange cine Kugelform annimmt, wie die Oberflächenspannung sämtliche externen und internen Kräfte überwiegt und das energetische Optimum aus Oberflächen- zu Volumenverhältnis einer Kugel aufrecht erhalten werden kann [55]. Für kleine Tropfen kann auf Grundlage des von der Reynoldszahl abhängigen Luftwiderstandsbeiwerts eine analytische Berechnung der terminalen Fallgeschwindigkeit erfolgen. Mit zunehmender Tropfengröße nimmt jedoch die Abweichung von der Kugelform zu und dieses Vorgehen verliert seine Gültigkeit. Die terminale Fallgeschwindigkeit kann dann nicht mehr analytisch bestimmt werden, sondern muss experimentell ermittelt werden.

Gunn und Kinzer [56] haben experimentell den Zusammenhang aus Tropfengröße und terminaler Fallgeschwindigkeit ermittelt (siehe Abbildung 3.9). Da sich die Tropfen durch Gravitation und Luftwiderstand deformieren, entspricht der angegebene Tropfendurchmesser $v(D_T)$ in mm dem einer Kugel gleichen Volumens. Auf Grundlage dieser Messdaten haben *Atlas et al.* [57] Gl. 3.15 als empirische Approximation vorgeschlagen, wobei $v(D_T)$ in m/s für die terminale Fallgeschwindigkeit steht.

$$v(D_T) = 9,65 - 10,3e^{-0,6D_T} \qquad \text{Gl. 3.15}$$

Daneben gibt es noch weitere Formulierungen, insbesondere über Potenzfunktionen, die hier nicht weiter erläutert werden (siehe [58, 59]).

Die Tropfenbahn, geprägt durch Gravitation und aerodynamische Kräfte, ist maßgeblich von der Tropfengröße abhängig. Das für die Sichtfreihaltung relevante, bodennahe Regentropfenspektrum ist das Resultat aus kollisionsinduziertem Aufbrechen von Tropfen, der Vereinigung benachbarter Tropfen und dem durch die Umströmung induzierten Aufplatzen von instabilen Tropfen

[60]. Die Stabilität eines frei fallenden Tropfens wird durch die Weber-Zahl beschrieben.

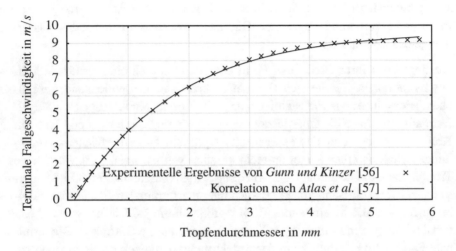

Abbildung 3.9: Terminale Fallgeschwindigkeit von destillierten Wassertropfen in Abhängigkeit vom Tropfendurchmesser.

Die Weber-Zahl

$$We = \frac{\rho \, v^2 D}{\sigma} \qquad \qquad \text{Gl. 3.16}$$

beschreibt das Verhältnis der deformierenden Trägheitskraft zur stabilisierenden Oberflächenkraft. Abhängig von der Höhe dieser dimensionslosen Kennzahl treten verschiedene Zerfallsmechanismen auf, die beispielsweise in *Pilch und Erdman* [61] erläutert werden.

Der Tropfenzerfall begrenzt den Durchmesser von Regentropfen auf wenige Millimeter. Laut *Cerdà* [62] sind bereits Tropfendurchmesser größer 4 mm äußerst unwahrscheinlich.

Die wohl bekannteste Korrelation zwischen Niederschlagsintensität und Tropfenspektrum ist die Marshall-Palmer-Verteilung von 1948 [63].

Bereits 1947 hatten *Marshall et al.* unter Zuhilfenahme von Filterpapier die Tropfengrößenverteilung für Tropfen mit einem Durchmesser größer als 1 mm

Gl. 3.17 empirisch bestimmt. Die Funktion liefert die Anzahl der Tropfen pro Kubikmeter Luft (m^{-3}) im Durchmesserintervall $D + \Delta D$ (mm^{-1}) bei einer gegebenen Regenintensität R.

$$N(D) = N_0 e^{-(\Lambda D)} \qquad\qquad \text{Gl. 3.17}$$

Nach *Marshall und Palmer* berechnet sich der Neigungs- oder Steigungsparameter Λ der Exponentialfunktion aus der Niederschlagsintensität R.

$$\Lambda = 4{,}1 R^{-0{,}21} mm^{-1} \qquad\qquad \text{Gl. 3.18}$$

Die Konstante N_0 gibt die temperaturabhängige, mittlere, örtliche Tropfendichte pro Kubikmeter Luft an und beträgt in Bodennähe $8 \cdot 10^3 / (m^3 \cdot mm^1)$. In Ermangelung von Informationen über die Tropfen mit einem Durchmesser kleiner 1 mm wurde die Konstante aus den vorhandenen Messdaten extrapoliert. Erst später wurde unter anderem von *Waldvogel* [64] gezeigt, dass N_0 keine Konstante sondern ein von der Regenrate abhängiger Parameter ist, dessen funktionaler Zusammenhang auch zwischen verschiedenen Niederschlagsereignissen variiert und sprunghafte Änderungen aufweist [55].

Da die exponentielle Tropfengrößenverteilung nach *Marshall und Palmer* einen unrealistisch großen Anteil kleinster Tropfen liefert, wird in der Literatur häufig eine Gamma-Verteilung zum Beispiel nach *Ulbrich* [65] verwendet.

$$N(D) = N_0 D^\mu e^{-(\Lambda D)} \qquad\qquad \text{Gl. 3.19}$$

Die Einführung des Formparameters μ erhöht auf Kosten größerer mathematischer Komplexität [66] die Flexibilität der Tropfengrößenverteilung, ermöglicht jedoch eine bessere Anpassung an Messwerte.

Für den Vergleich zwischen dem realen Niederschlag und der Tropfencharakteristik im Prüfstand als auch in der numerischen Simulation bietet es sich an, die Wahrscheinlichkeitsdichtefunktion Gl. 3.20 der Tropfenverteilung zu verwenden.

$$WDF(D) = \frac{N_0}{\int_0^\infty N(D)\, \mathrm{d}D} D^\mu e^{-(\Lambda D)} = N_{WDF} D^\mu e^{-(\Lambda D)} \qquad\qquad \text{Gl. 3.20}$$

Im Allgemeinen wird ein Regenereignis über die Regenintensität charakterisiert. *Tokay und Short* [67] schlagen hierfür die in der Tabelle 3.2 wiedergegebenen sechs Kategorien vor. Aus Niederschlagsaufzeichnungen haben *Caracciolo et al.* [68] für die sechs Kategorien mittlere Parameter ermittelt, die umgerechnet auf die Wahrscheinlichkeitsdichtefunktion in der Tabelle angegeben sind und deren Verlauf in Abbildung 3.10 dargestellt ist.

Tabelle 3.2: Parameter der Wahrscheinlichkeitsdichtefunktion für verschiedene Niederschlagsklassen basierend auf *Caracciolo et al.* [68].

Kategorie	R $[mm/h]$	N_{WDF} $[1/mm^{1+m}/m^3]$	Λ $[1/mm]$	μ $[-]$
sehr leicht	$R < 1$	$1,37 \cdot 10^6$	14,12	10,40
leicht	$1 \leq R < 2$	$1,13 \cdot 10^4$	9,14	8,75
moderat	$2 \leq R < 5$	$9,59 \cdot 10^3$	9,03	9,47
stark	$5 \leq R < 10$	$3,80 \cdot 10^3$	8,41	10,32
sehr stark	$10 \leq R < 20$	$4,56 \cdot 10^2$	7,27	11,38
extrem	$20 \leq R$	$1,14 \cdot 10^1$	5,18	10,76

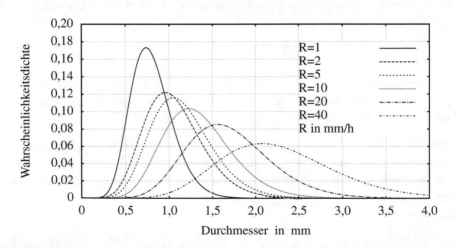

Abbildung 3.10: Wahrscheinlichkeitsdichtefunktion für verschiedene Niederschlagsintensitätsklassen.

Die Integration der Dichtefunktion im Bereich $[0, \infty]$ liefert 1. Die Wahrschein lichkeit einer Tropfengröße folgt aus der Integration der Dichtefunktion über die Grenzen $[a, b]$.

Es ist zu beobachten, dass mit stärkerer Regenintensität das Tropfenspektrum breiter wird und sich zu größeren Tropfendurchmessern verschiebt.

4 Aerodynamische Entwicklungswerkzeuge

Dieses Kapitel erläutert die aerodynamischen Entwicklungswerkzeuge zur Untersuchung der Sichtfreihaltung. Dazu zählen die in dieser Arbeit verwendeten Prüfstände, das Testgelände und die eingesetzte Messtechnik.

4.1 Prüfstand

Für die aerodynamische Fahrzeugentwicklung ist der Windkanal mit seinen reproduzierbaren Versuchsbedingungen bis heute das wichtigste Entwicklungswerkzeug. Dies gilt auch für die experimentelle Untersuchung der Sichtfreihaltung, wozu vorwiegend spezielle Umweltwindkanäle eingesetzt werden. Die Besonderheit eines Umweltwindkanals ist, dass neben der möglichst realitätsnahen Darstellung der Fahrzeugumströmung auch verschiedene Klimazonen mit Sonneneinstrahlung, Schnee oder Regen dargestellt werden können. Im Rahmen dieser Arbeit wurden Versuche im BMW Umweltwindkanal und im FKFS Thermowindkanal durchgeführt, die im Folgenden vorgestellt werden.

4.1.1 Der BMW Umweltwindkanal

Der BMW Umweltwindkanal (UWK) ist Teil des 2010 in Betrieb genommenen Energie- und umwelttechnischen Versuchszentrums (EVZ) im Forschungs- und Innovationszentrum (FIZ) der BMW Group in München. Der Kanal Göttinger Bauart verfügt über eine 8,4 m^2 große Düse und ein aus Flügelprofilen bestehendem Regenrack, das mit maximal sechzehn Düsen für den Wassereintrag in die Strömung bestückt werden kann. [69, 70]

Das Regenrack (siehe Abbildung 4.1a) lässt sich in Windkanallängs- als auch Querrichtung verschieben. Eine Höhenverstellung erfolgt über die Wahl der Düsenreihe oder ein frei verstellbares Balkenelement mit vier Düsen. Im Allgemeinen wird die dritte Düsenreihe in einer Höhe von 1280 mm verwendet. Das Regenrack wird so positioniert, dass die äußere Düse in der Querrichtung mittig auf den fahrerseitigen Außenspiegel gerichtet ist. Als Düsen kommen

© Springer Fachmedien Wiesbaden GmbH, ein Teil von Springer Nature 2018
H. Vollmer, *Neue Methoden zur Analyse der Benetzung von Pkw-Seitenscheiben*,
Wissenschaftliche Reihe Fahrzeugtechnik Universität Stuttgart,
https://doi.org/10.1007/978-3-658-22488-2_4

vier Vollkegeldüsen mit einem Massenstrom von insgesamt 0,1 l/s zum Einsatz. Auf die Darstellung von Regen wird im Abschnitt 6.2.2 gesondert eingegangen.

(a) Regenrack.   (b) Versuchsaufbau mit Fahrzeug, Kameras und Beleuchtung.

Abbildung 4.1: Regenrack und Versuchsaufbau im BMW Umweltwindkanal.

Die UV-Beleuchtung erfolgt zum einen über windkanalfeste UV-Strahler und zum anderen über einen frei positionierbaren UV-LED-Strahler (siehe Abbildung 4.1b).

4.1.2 Der FKFS Thermowindkanal

Der FKFS Thermowindkanal (TWK) in Stuttgart in Göttinger Bauart und einer $6\,m^2$ Düse wird für verschiedene Themen der Fahrzeugverschmutzung eingesetzt. Diese reichen vom Nassansprechverhalten der Bremsen, der Wischerauslegung für die Frontscheibe bis zur Sichtfreihaltung der Seitenscheibe [8, 71,72]. Die Einbringung der fluoreszierenden Flüssigkeit erfolgt über Sprühdüsen entlang einer horizontalen Rohrleitung kurz nach dem Düsenaustritt. Im Gegensatz zum BMW Umweltwindkanal kann die Höhe des Sprühgestells frei gewählt werden. Über frei aber reproduzierbar im Plenum positionierbare LED-UV-Strahler kann das Versuchsfahrzeug optimal beleuchtet werden.

4.1.3 Messtechnik

Die Erfassung der Benetzung erfolgt unabhängig von der angewandten Methode rein optisch. Die Anforderung der Quantifizierung der Sichtfreihaltung an digitale Kameras werden im Folgenden betrachtet.

Für die Erfassung geringer Filmhöhen unter Anwendung der Fluoreszenzmethode werden besonders lichtstarke Kameras benötigt. Die Sensitivität einer Kamera wird durch die Sensorgröße und die Auflösung bestimmt. Je mehr Bildpunkte auf einem Sensor untergebracht werden müssen, desto kleiner und unempfindlicher werden die lichtempfindlichen Pixel. Die Anforderung der Sichtfreihaltung ist die Erfassung einer großen Fläche mit feinen Details, wie zum Beispiel Sprühnebel, der sich auf der Seitenscheibe absetzen kann. Dies erfordert eine hohe Auflösung und steht im Widerspruch zu den Anforderungen an lichtsensitive, große Sensorzellen.

Auch wenn die Fluoreszenz im blauen Wellenlängenbereich sichtbar wird und über die Trennung der RGB-Kanäle eine Filterung auf den blauen Kanal vorgenommen werden kann (vgl. DiVeAn® in [9, 30, 72]), ist dies nicht ideal für die Erfassung der Benetzung. Dies begründet sich über das Funktionsprinzip digitaler Farbkameras, deren Sensorzellen keine Farbinformationen sondern die Lichtintensität messen. Zur Erfassung von Farbbildern werden den einzelnen Sensorzellen Filter vorgeschaltet, die das einfallende Licht üblicherweise in rote, grüne und blaue Anteile filtert. Bei diesem Verfahren wird für jede Farbe ein Pixel benötigt und die gesamthafte Farbinformation über die benachbarten Pixel interpoliert. Dadurch verringert sich die effektive Auflösung, die Sensitivität nimmt ab und die Datenrate nimmt zu. Da die Farbinformation keine Rolle für die Erfassung der Benetzung spielt, ist es zielführend eine monochrome Kamera einzusetzen. Die Begrenzung auf das relevante Wellenlängenspektrum kann durch einen entsprechenden Filter vor dem Objektiv erfolgen (Dies wird im Abschnitt 5.1.1 erläutert.) Der Einfluss von Störlicht und daraus resultierende Fehldetektionen können damit weitestgehend ausgeschlossen werden.

Einen Anspruch, den insbesondere die Methode der opaken Schicht an die Kameratechnik stellt, ist die Vollbildaufzeichnung (engl. Progressive Scan). Im Gegensatz zu den weit verbreiteten sequentiellen Verfahren wird bei dem Vollbildverfahren jeder Bildpunkt zeitgleich erfasst und die akkumulierte Ladung zeitgleich ausgelesen. Konturen von bewegten Objekten bleiben so erhalten, was eine Voraussetzung für eine erfolgreiche Kantendetektion ist.

Eine Kamera, die die beschriebenen Anforderungen erfüllt, ist die monochrome 5 Megapixel Netzwerkkamera JAI BM 500 [73] mit einem 2/3" Vollbild IT-CCD Sensor. In Kombination mit einem lichtstarken 16 mm Präzisionsobjektiv der Firma Qioptiq [74] wird diese Kamera für die Versuche eingesetzt. Bei voller Auflösung erlaubt die Kamera eine Bildrate von 15 Hz, wobei in der Regel 1 Hz für die Quantifizierung der Sichtfreihaltung ausreichend ist. Bei einem typischen Versuchsaufbau mit einem Abstand von 2 m zur Seitenscheibe beträgt die geometrische Auflösung ca. 2 Pixel/mm. Mit einer geringen Belichtungsdauer von 66 ms wird die Bewegungsschärfe sichergestellt.

Die Positionierung der Kamera erfolgt über ein windkanalfestes Gestell. Im Idealfall wird die Kamera normal zur Seitenscheibe ausgerichtet. Der Außenspiegel würde dann jedoch zu einer Verdeckung von relevanten Bereichen führen, so dass eine Verschiebung Richtung Kollektor und eine Rotation um die Hochachse notwendig ist.

Neben der für die Quantifizierung der Sichtfreihaltung verwendeten Netzwerkkamera kommen weitere Videokameras zur Dokumentation und Betrachtung von Details wie dem Übertritt über die A-Säule zum Einsatz. Da diese nicht zur Quantifizierung verwendet werden, sind die Anforderungen an Auflösung und Helligkeitssensitivität geringer.

4.2 Fahrversuch

Der Fahrversuch ist für viele Fachbereiche das entscheidende Werkzeug in der Fahrzeugentwicklung, da das Fahrzeug oder einzelne Komponenten unter realen Bedingungen getestet werden. Beispiele hierfür sind Versuche zur thermischen Belastung von Bauteilen in verschiedenen Fahrsituationen und klimatischen Umweltbedingungen oder Versuche zu Fahrkomfort und Fahrdynamik.

Die Untersuchung der Sichtfreihaltung im Fahrversuch ist in mehrerlei Hinsicht eine Herausforderung. Als wesentliche Randbedingung muss die Niederschlagsintensität während des Versuchs aufgezeichnet werden. Da kein Verfahren zur fahrzeuggebundenen Messung der Niederschlagsintensität bekannt ist, muss die Intensität mit einer stationären Messstation erfasst werden. Um der örtlichen und zeitlichen Varianz des Niederschlags Rechnung zu tragen, sollte die Messstation in unmittelbarer Nähe zur Versuchsstrecke positioniert werden. Im Weiteren führt die auf der fahrerseitigen Seitenscheibe aufgebrachte opake Folie zu einer stark eingeschränkten Sicht, insbesondere auf den rückwärtigen Verkehr. Eine Anwendung dieser Methode ist damit auf nicht öffentliche Testgelände beschränkt.

Im Folgenden wird das für die Versuchsfahrten gewählte Testgelände und die verwendete Messtechnik mit Messaufbau beschrieben.

4.2.1 Testgelände

Für die Fahrversuche wurde die Schnellfahrbahn M1 des BMW Testgeländes in Aschheim gewählt. Der in Abbildung 4.2 dargestellte, mit zwei Schleifen verbundene, Rundkurs verfügt über zwei jeweils ca. 2,8 km lange Geraden, auf denen die Versuche aufgezeichnet wurden. Die Niederschlagsmessstation wurde auf einer Freifläche in der östlichen Schleife aufgebaut, so dass der maximale Abstand zum Versuchsfahrzeug bei 2,8 km lag.

Abbildung 4.2: Schnellfahrbahn M1 des BMW Testgeländes in Aschheim.

4.2.2 Messtechnik und Messaufbau

Die optische Erfassung der Sichtfreihaltung im Fahrversuch erfolgt mit der gleichen Kamera wie bei der Fluoreszenzmethode im Prüfstand. Für die Methode der opaken Oberfläche ist insbesondere das Vollbildverfahren für scharfe Aufzeichnung von Konturen vorteilhaft.

Zur einfachen und schnellen Montage ist die Kamera über Saugnäpfe an der beifahrerseitigen Seitenscheibe befestigt (siehe Abbildung 4.3a) und auf die Innenseite der fahrerseitigen Seitenscheibe gerichtet. Da es während der Straßenfahrt über Schwingungen zu einer Relativbewegung zwischen Kamera und Seitenscheibe kommen kann, müssen auftretende Relativbewegungen in der nachfolgenden Bildverarbeitung kompensiert werden. Dazu sind entlang der Scheibenbrüstung und der A-Säulenblende fahrzeugfeste Referenzpunkte angebracht, die eine relative Positionierung der auszuwertenden Masken ermöglichen (siehe Abbildung 4.3b).

(a) Über Saugnäpfe auf der Innenseite   (b) Referenzpunkte und Maske zur
der Beifahrerseitenscheibe befes-   Definition des Sichtfensters auf
tigte Kamera JAI BM 500.   der fahrerseitigen Seitenscheibe.

Abbildung 4.3: Im Fahrversuch eingesetzte fahrzeugfeste Messtechnik.

Aufgrund der eingeschränkten Sicht durch die fahrerseitige Seitenscheibe ist unterhalb des Außenspiegels eine Kamera angebracht, die den rückwärtigen Verkehr auf einem Display im Cockpit wiedergibt.

Zur Aufzeichnung der Niederschlagsintensität kommt ein wiegendes Niederschlagsmessgerät nach dem Joss-Tognini Prinzip zum Einsatz (siehe Abbildung 4.4) [75]. Der Auffangtrichter mit einer Auffangfläche von 200 cm^2 leitet das Regenwasser auf die Wippe, die bei einer Wippenfüllung von 2 ml bzw. 0,1 mm/m^2 Niederschlag umschlägt. Die messtechnische Erfassung des Wippvorgangs erfolgt über einen an der Wippe angebrachten Magneten, der einen Reedkontakt schließt. Ein Reedkontakt besteht aus zwei Kontaktzungen in einem hermetisch dichten Gehäuse, die magnetisch geschaltet werden. Der abgegebene Impuls wird durch einen Datenlogger aufgezeichnet. Die Niederschlagsintensität wird minütlich ausgegeben. Aufgrund der Versuchsdauer und der örtlichen Schwankung wird für die Kategorisierung des Niederschlagsereignisses ein gleitender Mittelwert mit einer Breite von 5 Minuten verwendet.

Im Hinblick auf einen unabhängigen Aufstellungsort und der Gewährleistung einer unterbrechungsfreien Energieversorgung, wurde die Niederschlagsmessstation mit einer Autobatterie betrieben.

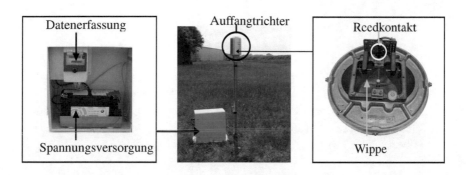

Abbildung 4.4: Aufbau und Komponenten der Niederschlagsmessstation.

5 Methoden zur Quantifizierung der Sichtfreihaltung

Zur Quantifizierung der Sichtfreihaltung sind robuste Kenngrößen und charakteristische Darstellungsformen notwendig, die eine objektive Bewertung ermöglichen. In diesem Kapitel werden zunächst Möglichkeiten zur automatisierten Detektion von Flüssigkeit auf Fahrzeugscheiben anhand verschiedener Methoden erläutert. Darauf aufbauend werden Bewertungsgrundlagen diskutiert und der Einsatz der ausgewählten Methoden in der Serienentwicklung vorgestellt.

5.1 Automatisierte Detektion von Flüssigkeiten auf Fahrzeugscheiben

Abbildung 5.1: Beispiel der Fluoreszenzmethode im Thermowindkanal (TWK) des Instituts für Verbrennungsmotoren und Kraftfahrwesen (IVK) der Universität Stuttgart.

© Springer Fachmedien Wiesbaden GmbH, ein Teil von Springer Nature 2018
H. Vollmer, *Neue Methoden zur Analyse der Benetzung von Pkw-Seitenscheiben*,
Wissenschaftliche Reihe Fahrzeugtechnik Universität Stuttgart,
https://doi.org/10.1007/978-3-658-22488-2_5

Voraussetzung für die Quantifizierung der Sichtfreihaltung ist die Detektion der Flüssigkeit auf der Fahrzeugscheibe. Aufgrund der Transparenz von Wasser werden in Prüfstandsversuchen Additive beigemischt, um eine Kontrasterhöhung der Flüssigkeit auf der Fahrzeugoberfläche zu erreichen [9]. Abbildung 5.1 ist ein Beispiel zur Sichtbarmachung des Wassers mit fluoreszierenden Additiven und UV-Beleuchtung.

Der Einsatz von Additiven ist jedoch auf den Prüfstandsversuch beschränkt, da die Beimischung während der Regenfahrt im Straßenversuch nicht möglich ist. Mit dem Ziel des quantitativen Abgleichs zwischen Prüfstand und Straßenversuch wurden zwei neue Verfahren entwickelt, die neben der gängigen Fluoreszenzmethode in den folgenden Unterkapiteln erläutert werden.

5.1.1 Fluoreszenzmethode

Die Fluoreszenzmethode beruht auf Absorption und Emission. Ausgangspunkt ist die Anregung der fluoreszierenden Flüssigkeit mit ultravioletter Strahlung. Die Elektronen der fluoreszierenden Moleküle absorbieren diese Energie, indem sie ein höheres Energieniveau einnehmen. Mit dem Rücksprung auf ihr ursprüngliches Energieniveau kommt es zur Emission von Strahlung, der sogenannten Fluoreszenz. Da die aufgenommene Energie nicht nur in Strahlung, sondern auch in thermische Energie umgesetzt wird, ist das emittierte Licht energieärmer als das der Anregung. Daraus folgt eine Frequenzverschiebung zu größeren energieärmeren Wellenlängen. Diese Eigenschaft der Fluoreszenz wird als Stokes-Regel oder Stokes-Verschiebung bezeichnet und ist in Abbildung 5.2 für das bei BMW verwendete fluoreszierende Additiv Tinopal SFP dargestellt [76, 77].

Für die optische Erfassung der benetzten Flächen ermöglicht die Frequenzverschiebung die Trennung von anregender und emittierter Strahlung. Die Fluoreszenz wird im blauen Wellenlängenbereich sichtbar und kann grundsätzlich mit einer beliebigen Kamera erfasst werden. Durch die Verwendung des in Abbildung 5.2 dargestellten Bandpassfilters (MIDOPT BP470 [78]) wird das von der Kamera erfasste Wellenlängenspektrum begrenzt. Damit wird der Kontrast verbessert und Fehldetektionen durch Störlichtquellen oder Spiegelungen können weitestgehend ausgeschlossen werden. Der Nachteil des verwendeten Filters ist, dass dieser zu spät öffnet und die Emissionen im Bereich 400 bis 420 nm abschneidet. Zusätzlich schwächt der von eins abweichende Transmissionsgrad die Fluoreszenz weiter ab.

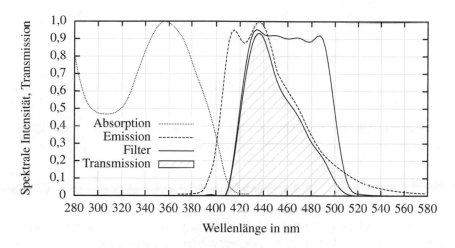

Abbildung 5.2: Spektrum der anregenden und emittierten Wellenlängen. Der schraffierte Bereich resultiert aus der Emission und der Transmission des Filters und wird von der Kamera erfasst.

Mit der Stokes-Verschiebung, die Absorption und Emission in Verbindung bringt und dem Gesetz nach Beer-Lambert, das die Abschwächung der Lichtintensität beim Durchgang durch ein absorbierendes Medium beschreibt, kann die Filmhöhe aus der Intensität der Emission bestimmt werden. Eine ausführliche Herleitung findet sich beispielsweise in *Aguinaga und Bouchet* [17], so dass an dieser Stelle nur eine kurze, zum Verständnis der Filmhöhenmessung notwendige Erläuterung wiedergegeben wird.

Das Beer-Lambert Gesetz nach Gl. 5.1 beschreibt die transmittierte Lichtintensität I_1 in Abhängigkeit von der Schichtdicke d, der Stoffmengenkonzentration der absorbierenden Substanz c, dem Extinktionskoeffizienten oder auch Transmissionsgrad ε und der einfallenden Lichtintensität I_0 [76]:

$$I_1(d) = I_0 e^{-\varepsilon cd}. \qquad \qquad \text{Gl. 5.1}$$

Die einfallende Lichtintensität ist grundsätzlich von der Stärke der UV-Quelle, aber auch reziprok proportional vom Abstand der Beleuchtung zum Messobjekt abhängig. Nach Gl. 5.2 sinkt die Beleuchtungsintensität I_B bei Verdoppelung des Abstand $r_B = 2r_A$ auf ein Viertel des Anfangswerts I_A. Diese starke Sensitivität auf den Abstand der UV-Beleuchtung erfordert die reproduzierbare, relativ am Versuchsobjekt ausgerichtete Positionierung der UV-Beleuchtung:

$$I_B = I_A \left(\frac{r_A}{r_B} \right)^2. \qquad \text{Gl. 5.2}$$

Aus Gl. 5.1 folgt der Intensitätsverlust I_V der einfallenden Lichtintensität I_0 beim Durchtritt durch das absorbierende Medium

$$I_V(d) = I_0 \left(1 - e^{-\varepsilon c d} \right). \qquad \text{Gl. 5.3}$$

Da ein Teil der aufgenommenen Energie in thermische Energie gewandelt wird, lässt sich die Intensität des fluoreszierenden Lichts I_f über Gl. 5.4 mit dem Skalierungsfaktor Φ formulieren:

$$I_f(d) = \Phi I_0 \left(1 - e^{-\varepsilon c d} \right). \qquad \text{Gl. 5.4}$$

Aus der physikalischen Herleitung kann ein Modell mit drei zu bestimmenden Parametern, $\tilde{A}$, $\tilde{B}$ und $\tilde{C}$, abgeleitet werden:

$$I(d) = \tilde{A} \left(1 - e^{-\tilde{B}d} \right) + \tilde{C}. \qquad \text{Gl. 5.5}$$

Die Bestimmung der drei Parameter erfolgt im Versuch mit der in Abbildung 5.3a dargestellten Lehre. Die Lehre besteht aus einer eloxierten Aluminiumgrundplatte mit Plateaus von 0,1 mm bis 1,0 mm Tiefe in Abstufungen von 0,1 mm Schritten. In die Deckplatte ist eine Glasscheibe eingelassen, die die Sicht auf die abgestuften Niveaus ermöglicht. Für die Kalibrierung der Filmhöhe wird die Grundplatte mit der fluoreszierenden Flüssigkeit beaufschlagt. Die Deckplatte wird jetzt durch die Verschraubung auf die Grundplatte gepresst. Die in die Grundplatte eingelassene Dichtung verhindert beim Aufstellen der Kalibrierlehre das flächige Abfließen. Überschüssige Flüssigkeit kann durch eine Bohrung am oberen Ende der Platte entweichen.

Die befüllte Kalibrierlehre wird im Bereich der Seitenscheibe positioniert und ein Bild unter Versuchsbedingungen aufgezeichnet. Durch die Stege auf der Deckplatte werden die Plateaus, wie in Abbildung 5.3b gezeigt, deutlich voneinander getrennt. Das ermöglicht eine automatisierte Bildverarbeitung. Ein

Algorithmus sucht nach zehn nebeneinander liegenden, annähernd rechteckigen Flächen ähnlicher Größe. Für jede Fläche wird die mittlere Intensität und ihre Standardabweichung bestimmt. Befinden sich auf der Vorderseite der Glasscheibe Tropfen oder Luftblasen hinter der Scheibe, würden diese die mittlere Intensität verfälschen. Daher werden Regionen innerhalb der zehn Flächen, die von der jeweiligen mittleren Intensität zuzüglich bzw. abzüglich ihrer Standardabweichung abweichen, ausgeschlossen und die mittlere Intensität erneut gebildet. Nach der Methode der kleinsten Fehlerquadrate werden jetzt die Parameter $\tilde{A}$, $\tilde{B}$ und $\tilde{C}$ der Gleichung Gl. 5.5 bestimmt und damit eine Filmhöhenmessung ermöglicht.

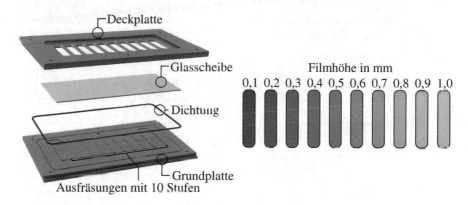

(a) Kalibrierlehre   (b) Ergebnis einer Filmhöhenmessung

Abbildung 5.3: Lehre zur Kalibrierung der Filmhöhe über die Intensität der Fluoreszenz.

Die Kalibrierung der Filmhöhe ist für die Untersuchung der Sichtfreihaltung keine notwendige Prozedur. Die Kalibrierung stellt aber eine Kontrollmöglichkeit für die Beleuchtung und die Konzentration der fluoreszierenden Flüssigkeit dar. Auch ohne Kalibrierung der Filmhöhe kann aus der Helligkeit eine qualitative Filmhöheninformation abgeleitet werden, die oft ausreichend ist. Dagegen ist ein Kriterium zur Unterscheidung, ob eine Stelle benetzt ist oder nicht, eine Voraussetzung für die Bildverarbeitung. Für die Quantifizierung benetzter Flächen ist daher die Definition der Grauwertschwelle zur Trennung zwischen benetzt und unbenetzt als hartes Entscheidungskriterium notwendig.

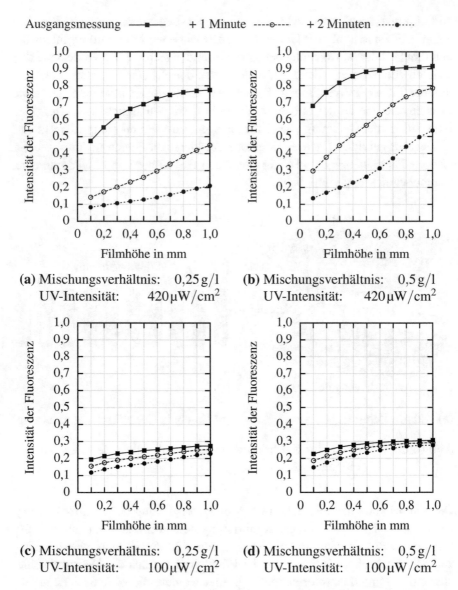

Abbildung 5.4: Intensität der Fluoreszenz Emission in Abhängigkeit von der Tinopal Konzentration und der UV-Belichtungszeit.

In Abbildung 5.4 sind vier Diagramme zur Erklärung des Zusammenhangs aus Mischungsverhältnis, Belichtungsintensität und Belichtungsdauer auf die

den Bilder wurden mit der in Abschnitt 4.1.3 beschriebenen monochromen 2/3" Vollbildkamera BM 500 von JAI [73] aufgezeichnet. Die Einstellungen entsprachen denen der Versuche zur Sichtfreihaltung im Prüfstand. Um möglichst viel Licht einzufangen, wurde die Blende voll geöffnet (Blendenzahl 1,6). Die Belichtungszeit wurde auf 66 ms begrenzt, um die Bewegungsschärfe sicherzustellen. Auf die Verstärkung der Sensorempfindlichkeit wurde verzichtet (Gain = 0 dB), da damit das Grauwertrauschen verstärkt wird (vgl. *Spruss* [30]). Die Kamera wurde im 8-Bit-Modus betrieben und lieferte damit Grauwerte von 0 bis 255. Die in den Diagrammen aufgetragene Intensität der Emission wurde auf den maximalen Grauwert von 255 bezogen. Über den Abstand zwischen Kalibrierlehre und UV-LED-Quelle wurde die Beleuchtungsintensität variiert und mit einem UV-Intensitätsmessgerät erfasst. Die Beleuchtungsintensität von $100\,\mu W/cm^2$ entspricht einem Abstand von zwei Metern und damit annähernd den Gegebenheiten beim Prüfstandsversuch zur Sichtfreihaltung. Für jede Konfiguration aus Mischungsverhältnis und Beleuchtungsintensität wurde der Zeiteinfluss untersucht. Die Ausgangsmessung wurde unmittelbar nach der erstmaligen UV-Beleuchtung aufgezeichnet. Die weiteren Messungen erfolgten nach einer bzw. zwei Minuten dauerhafter UV-Beleuchtung.

Für die Untersuchung der Sichtfreihaltung ist eine starke Fluoreszenz mit einer ausgeprägten Differenzierung der verschiedenen Filmhöhen grundsätzlich wünschenswert, wie sie die Ausgangsmessungen der Diagramme Abbildung 5.4a und Abbildung 5.4b zeigen. Jedoch zeigen die Diagramme, dass die Beleuchtungsdauer bei einer hohen Beleuchtungsintensität einen starken Einfluss auf die Intensität der Fluoreszenz hat. Wird von einer kontinuierlichen UV-Beleuchtung ausgegangen, wie sie für die kontinuierliche Videoaufzeichnung während der Versuche zur Sichtfreihaltung erwünscht ist, wird aufgrund der unbekannten Beleuchtungsdauer sowohl die Filmhöhenkalibrierung als auch die Definition der Grauwertschwelle zur Unterscheidung zwischen benetzten und unbenetzten Bereichen ungültig. Kann auf eine kontinuierliche Aufzeichnung verzichtet werden, ist auch eine gepulste, mit der Aufzeichnung gekoppelte Anregung möglich, wie sie durch *Aguinaga und Bouchet* [17] vorgeschlagen wird. Da dies die Beleuchtungsdauer begrenzt, kann die Beleuchtungsintensität gesteigert werden. Eine Steigerung der Beleuchtungsintensität ist auch dann möglich, wenn die fluoreszierende Flüssigkeit direkt über nicht transparente Zuleitungen auf den Versuchskörper aufgebracht wird und das unmittelbare Fließverhalten nach kurzzeitiger Beleuchtung von Interesse ist. Dies gilt beispielsweise für die Validierungsversuche in Abschnitt 6.1.2.

Die Ursache für die abnehmende Fluoreszenz ist die Photobleichung, ein dynamischer Prozess, in dem die fluoreszierenden Moleküle durch die UV-Anregung photochemisch zerstört werden und ihre Fähigkeit zur Fluoreszenz dauerhaft verlieren [79]. Mit abnehmender Beleuchtungsintensität sinkt der Effekt der Photobleichung. So ist die zeitliche Abnahme der Fluoreszenz für die Konfigurationen mit einer moderaten UV-Intensität (Diagramme Abbildung 5.4c und Abbildung 5.4d) deutlich geringer und diese UV-Intensität ist daher besser für die Untersuchung der Sichtfreihaltung geeignet. Der damit verbundene Nachteil ist, dass die maximal gemessene Intensität bei ca. 30 % des theoretisch Möglichen liegt. Problematisch ist auch die Spreizung über die Filmhöhe, die in den abgebildeten Kurven mit unter 10 % ungünstig klein ist. Über die Erhöhung des Mischungsverhältnisses zwischen dem fluoreszierenden Additiv Tinopal SFP und Wasser kann die Fluoreszenz nur geringfügig gesteigert werden. Damit wird die Differenzierung der einzelnen Stufen aber weiter geschwächt, da die Fluoreszenz bereits frühzeitig gesättigt ist. Zusätzlich ist damit zu rechnen, dass erhöhte Konzentrationen zur Beeinflussung der Fließeigenschaften des Gemisches führen.

Zusammenfassend liefern die Versuche folgende Erkenntnisse:

- Für die optische Erfassung der Fluoreszenz sollte eine lichtstarke Kamera und ein Objektiv mit einer großen Blendenöffnung gewählt werden.
- Die Konzentration des fluoreszierenden Additives sollte so gewählt werden, dass eine maximale Fluoreszenz erzielt wird ohne, dass es zu einer vorzeitigen Sättigung kommt.
- Da die Beleuchtungsintensität einen starken Einfluss auf die Intensität der Fluoreszenz aber auch die Photobleichung hat, muss die Beleuchtungsintensität an den Versuchstyp angepasst werden.
- Kann eine kurze und definierte Beleuchtungsdauer gewährleistet werden, ist eine hohe UV-Intensität für die Messung der Filmhöhe möglich und vorteilhaft.
- Da für die Untersuchung der Sichtfreihaltung die Beleuchtungsdauer nicht vernachlässigt werden darf, ist hierfür eine moderate Beleuchtungsintensität anzustreben. Gleichzeitig sollte die Ausleuchtung auf die Seitenscheibe und den Bereich von Spiegel und A-Säule begrenzt werden, so dass eine unnötige UV-Beleuchtung vermieden wird.

- Im Allgemeinen muss darauf geachtet werden, dass das fluoreszierende Ge-misch in einem lichtgeschützten Bereich gelagert wird. Die UV-Beleuchtung sollte bedarfsgerecht möglichst erst in der zu betrachteten Region erfolgen.
- Da die Beleuchtungsintensität quadratisch mit dem Abstand zwischen UV-Quelle und Versuchsobjekt abnimmt, ist eine reproduzierbare und relativ zum Versuchsobjekt ausgerichtete Positionierung der UV-Quelle notwendig.

5.1.2 Methode der opaken Schicht

Die Untersuchung und Quantifizierung der Sichtfreihaltung während der Regenfahrt ist in vielerlei Hinsicht eine Herausforderung. Dazu zählen die Witterungsabhängigkeit mit wechselnden Randbedingungen, die Beeinflus-sung durch andere Verkehrsteilnehmer, aber vor allem die messtechnische Erfassung und Detektion benetzter Flächen auf der Seitenscheibe.

Da dem natürlichen Regen keine Tracer beigemischt werden können, muss der geringe Kontrast eines auf einer Scheibe befindlichen Tropfens für dessen Detektion ausreichen. Die optische Aufzeichnung der Seitenscheibe sollte aus dem Fahrzeuginnenraum erfolgen, da die Montage einer externen Kamera durch die Windlast, die Regenbeaufschlagung und den notwendigen Abstand zur Gewährleistung einer ungestörten Fahrzeugumströmung nicht praktikabel ist. Eine von innen auf die Seitenscheibe gerichtete Kamera wird jedoch neben der Benetzung auch die im Hintergrund befindlichen Objekte wie Straßen-begrenzungen, Bewuchs und Fahrzeuge erfassen. Die Differenzierung zwischen dem Hintergrund und der auf der Scheibe befindlichen Flüssigkeit ist damit auch durch die ständig wechselnde Belichtungssituation äußerst schwierig.

Ein Verfahren zur Erkennung von Tropfen auf einer Frontscheibe auf Grund-lage modellbasierter Tropfenerkennung in Verbindung mit einer Hintergrund-schätzung wurde durch *Roser* [45] beschrieben. Jedoch ist eine modellbasierte Tropfenerkennung für die Quantifizierung der Seitenscheibe nicht geeignet, da neben den Tropfen auch Sprühnebel, Rinnsale und Wasserblasen verschiedener Gestalt erkannt werden müssen.

Im Rahmen dieser Arbeit wurde daher die Methode der opaken Schicht [80, 81] entwickelt und patentiert, die die Trennung zwischen Scheibenoberfläche und Hintergrund ermöglicht. Die physikalische Grundlage dieses Verfahrens ist die diffuse Ablenkung von Lichtstrahlen beim Durchtritt durch eine opake

Schicht. Durch die Lichtstreuung werden Objekte und Formen, die sich hinter der matten Schicht befinden, weichgezeichnet. Von der Scheibe entfernte Objekte und Formen sind dann höchstens als Schatten ohne scharfe Konturen wahrnehmbar. Dieser Effekt nimmt jedoch mit zunehmender Annäherung des Objekts an die Scheibe ab und die Konturen werden scharf abgebildet.

Die Anwendung für die Sichtfreihaltung erfolgt im einfachsten Fall durch das Aufkleben von handelsüblicher Milchglasfolie auf die Innenseite einer Fahrzeugscheibe. Als Beispiel für dieses Vorgehen dient Abbildung 5.5. Durch die Milchglasfolie wird ein auf der Scheibenaußenseite befindlicher Tropfen, bedingt durch den geringen Abstand zur matten Schicht, scharf abgebildet, wohingegen bereits der Außenspiegel nur als Schatten wahrnehmbar ist.

Milchglasfolie auf der Innenseite der Seitenscheibe

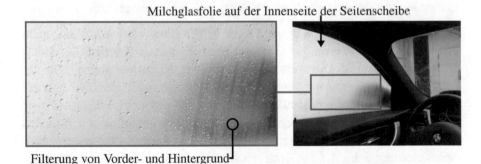

Filterung von Vorder- und Hintergrund

Abbildung 5.5: Einsatz einer Milchglasfolie als opake Schicht zur Filterung von Vorder- und Hintergrund im Prüfstandsversuch.

Auch wenn die Filterung von Vorder- und Hintergrund die Detektion der Benetzung erleichtert, ist der benötigte Algorithmus aufwändiger als bei der Fluoreszenzmethode und soll daher mit den verwendeten Bildoperationen erläutert werden.

Aufgrund der wechselnden Belichtungssituation und der unterschiedlichen Lichtbrechung an Tropfen und Rinnsalen kann der Grauwert eines Bildpunkts nicht für dessen Klassifikation herangezogen werden. Die Kanten einer benetzten Fläche äußern sich jedoch in einem Grauwertgradienten, der durch die örtliche Ableitung der Bildpunkte hervorgehoben werden kann. Würde eine solche Ableitung direkt auf ein Rohbild angewendet, würde das Rauschen,

wünscht hervorgehoben. Das Rohbild muss daher zunächst mit einem Tiefpassfilter geglättet werden.

Bei der Glättung eines Bilds wird der Wert eines jeden Bildpunkts durch den Mittelwert der lokalen Nachbarschaft ersetzt. Dieses Verfahren wird als lineare Faltung bezeichnet [82]. Die einfachste Form eines solchen Filters ist der in Abbildung 5.6a dargestellte Rechteckfilter. Die Maskengröße (hier 3x3) definiert die Größe der zu berücksichtigenden Nachbarschaft. Die Wichtung der Bildpunkte, ausgedrückt durch die Zahlen in den einzelnen Feldern, ist bei diesem Filter gleich und der neue Grauwert des im Zentrum befindlichen Bildpunkts ergibt sich als Mittelwert der Grauwerte der Maske.

$$
\begin{array}{|c|c|c|}
\hline
1 & 1 & 1 \\
\hline
1 & 1 & 1 \\
\hline
1 & 1 & 1 \\
\hline
\end{array} \cdot \frac{1}{9}
\qquad\qquad
\begin{array}{|c|c|c|}
\hline
1 & 2 & 1 \\
\hline
2 & 4 & 2 \\
\hline
1 & 2 & 1 \\
\hline
\end{array} \cdot \frac{1}{16}
$$

(a) 3x3 Mittelwert Filter.   **(b)** 3x3 Gaußfilter.

Abbildung 5.6: Visualisierung der linearen Faltung.

Die gleichgewichtete Form der Glättung bewirkt jedoch das Verschmieren von Kanten. Ein effektiver Tiefpassfilter, der das Rauschen reduziert, aber Kanten besser erhält, ist der Gauß-Filter [83]. Hierbei erfolgt die Wichtung der benachbarten Bildpunkte in Abhängigkeit des Abstands und der Filtergröße (siehe Abbildung 5.6b).

Die Anwendung der Ableitung des zunächst mit einem Gaußfilter geglätteten Rohbildes (siehe Abbildung 5.7a) ist in Abbildung 5.7b wiedergegeben. Die Stärke des Gradienten ist über eine Grauskala aufgetragen. Helle Bereiche sind Ausdruck für starke lokale Änderungen und repräsentieren Kanten.

Da die Stärke des Gradienten zwischen Sprühnebel und Rinnsalen sehr unterschiedlich sein kann, ist es zielführend, keinen statischen, sondern einen dynamischen Schwellwert zur Selektion der Kanten zu verwenden. Dazu wird in einem nächsten Schritt das abgeleitete Bild mit einer einfachen Faltung wie in Abbildung 5.6a geglättet. Aus der abgeleiteten Abbildung 5.7c werden jetzt alle Bildpunkte ausgewählt, deren Intensität größer ist als die Intensität des Bildpunktes der Faltung plus ein zu definierendes Offset. Diese dynamische Schwellwert-Operation liefert eine Region, deren Bildpunkte Gleichung Gl. 5.6 genügen (siehe Abbildung 5.7d).

$$I_{x,y} \geq \bar{I}_{x,y} + Offset \qquad\qquad \text{Gl. 5.6}$$

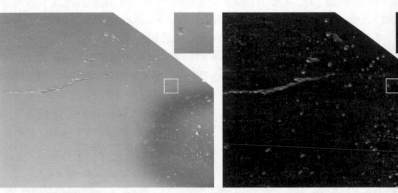

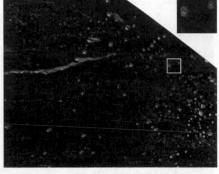

(a) Originalbild.

(b) Gradient der Ableitung der Gauß-
funktion.

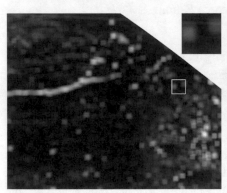

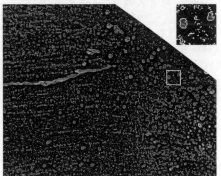

(c) Mittelung der Ableitung.

(d) Ergebnis. Alle weiß umrandeten
Regionen erfüllen die dynamische
Schwellwert Bedingung.

Abbildung 5.7: Algorithmus zur Detektion von Flüssigkeit unter Anwendung der Methode der opaken Schicht - Schritt I und II.

Die Bildpunkte innerhalb dieser Region werden auf ihren Zusammenhang
geprüft und es resultiert für jede in Verbindung stehende Fläche eine eigene
Region (siehe Abbildung 5.8a). Das Bild zeigt einige Regionen geringer

Größe, die durch Filteroperationen ausgeschlossen werden. Die gültigen Regionen sind in Abbildung 5.8b in grün dargestellt.

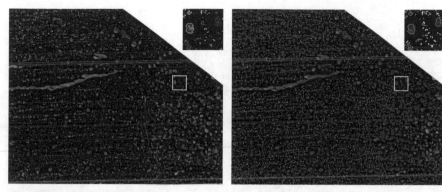

(a) Nachbarschaftsprüfung und Zerlegung nicht verbundener Regionen.

(b) Größenfilterung. Alle gültigen Regionen sind grün umrandet.

Abbildung 5.8: Algorithmus zur Detektion von Flüssigkeit unter Anwendung der Methode der opaken Schicht - Schritt III.

Insbesondere die größeren Regionen in Abbildung 5.8b weisen Löcher oder Öffnungen auf, die geschlossen werden müssen. Zunächst werden die Hohlflächen innerhalb der Regionen durch Nachbarschaftsbeziehungen zwischen den Bildpunkten erkannt und aufgefüllt. Darauf aufbauend werden durch eine Hintereinanderschaltung von Dilatation und Erosion Ränder geglättet und Lücken geschlossen. Beide Operatoren sind grundlegende Operationen der mathematischen Morphologie und lassen sich mit der Minkowski-Summe Gl. 5.7 und der Minkowski-Differenz Gl. 5.8 beschreiben [82, 84, 85].

$$A \oplus B = \{a + b | a \in A, b \in B\} \qquad \text{Gl. 5.7}$$

$$A \ominus B = \{a | B \oplus \{a\} \subset A\} \qquad \text{Gl. 5.8}$$

Eine anschauliche Beschreibung dieser Operatoren ist in Abbildung 5.9 dargestellt. Die Dilatation ist das Ergebnis der Addition aller Bildpunkte der Ausgangsform A aus (a) mit den Bildpunkten des in (b) dargestellten strukturierten Kreiselements B. Das Resultat ist die gestrichelt dargestellte Form, die die ursprüngliche Form A inkludiert. Das Ergebnis der Erosion sind alle Bild-

punkte für die das strukturierte Element *B* ganz in *A* liegt. Die Ausgangsform
aus (a) ist jetzt um den dunkelgrauen Bereich erweitert (siehe (c)).

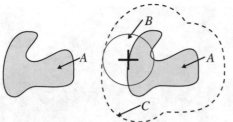 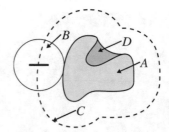

(a) Ausgangs-form.	**(b)** Die Dilatation erweitert alle Bildpunkte von A mit B, so dass A auf die Fläche C wächst.	**(c)** Die Erosion verkleinert Fläche C um alle Bildpunkte, für die B nicht vollständig in C passt, so dass A plus D entsteht.

Abbildung 5.9: Erläuterung der Minkowski Operationen am Beispiel der Ausgangsform A in Kombination mit dem Kreiselement B.

Durch den Zusammenschluss von getrennten Regionen zu einer Region und
anschließender Dilatation und Erosion können Bildpunkte benachbarter Regionen zusammengefügt werden. Wird die Größe des strukturierten Elements
jedoch zu groß gewählt, werden insbesondere aus einzelnen Sprühnebel-Bildpunkten große zusammenhängende Regionen. Da dies die spätere Auswertung
verfälscht, dürfen nur geringe Abstände zwischen getrennten, aber zusammen-
gehörigen Regionen überbrückt werden. Daher wäre zur besseren Erfassung
kleinster Sprühnebeltropfen eine Steigerung der Bildauflösung grundsätzlich
wünschenswert.

Die Anwendung der morphologischen Operationen auf die Regionen aus
Abbildung 5.8b ist in Abbildung 5.10a wiedergegeben. Eine kritische Betrachtung offenbart jedoch, dass einige kleine Regionen, aber auch größere Regionen mit annähernd konstantem Grauwert detektiert wurden. Diese Fehldetektionen werden durch Filteroperatoren mit der Mindestgröße und einer zu
überschreitenden Standardabweichung der Grauwerte ausgeschlossen.

Die grün umrandeten Detektionen in Abbildung 5.10b belegen, dass die
beschriebenen Bildoperationen für kleine Regionen, wie Sprühnebel und Tropfen, ein zufriedenstellende Ergebnis liefern. Anders ist die Situation für große

Regionen, wie Rinnsale und große Tropfen. Diese Strukturen weisen zwar am Rand einen starken, leicht zu detektierenden Gradienten auf, aber der Zwischenbereich hat in der Regel eine homogene Grauwertverteilung und wird daher nicht detektiert. Das Schließen der benachbarten Regionen über eine Dilatation würde, wie bereits beschrieben, zu einer Vereinigung von Sprühnebel-Bildpunkten führen und kann deshalb nicht angewandt werden. Daher bedarf es eines weiteren Algorithmus zur Detektion großflächiger Benetzung.

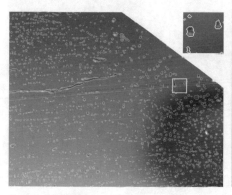 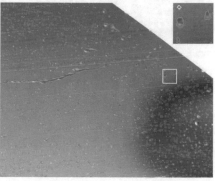

(a) Ungefilterte, geschlossene und geglättete Regionen.

(b) Nach Mindestgröße und Varianz der Grauwerte gefilterte Regionen. Alle gültigen Regionen sind grün umrandet.

Abbildung 5.10: Algorithmus zur Detektion von Flüssigkeit unter Anwendung der Methode der opaken Schicht - Schritt IV.

Die Idee des zweiten Ansatzes ist die Eliminierung der Hintergrundbeleuchtung zur Erkennung von im Vordergrund befindlichen Strukturen. Die Ermittlung der Hintergrundbeleuchtung erfolgt auf Grundlage einer Medianfilterung. Ein Medianfilter ist ein Rangordnungsfilter, der den Zentralwert der Grauwerte innerhalb der Maske bestimmt (siehe Abbildung 5.11) [83].

5	2	3
4	4	2
6	1	3

neuer Grauwert = Zentralwert der Rangordnung

1	2	2	3	3	4	4	5	6

Abbildung 5.11: Medianfilter.

Wird eine große Maske für den Medianfilter gewählt, bleiben lokale Grauwert-
abweichungen mit einem geringen Flächenanteil, wie sie durch die Benetzung
entstehen, unberücksichtigt. Zur Verschmierung etwaiger Kanten folgt auf das
mediangefilterte Bild eine Mittelwertfilterung. Aus dem Ausgangsbild
Abbildung 5.12a resultiert die Hintergrundbeleuchtung Abbildung 5.12b.

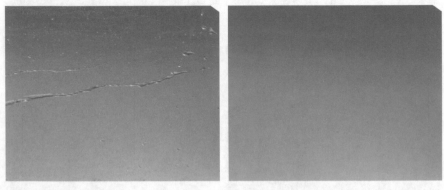

(a) Ausgangsbild.   (b) Hintergrundbeleuchtung des Aus-
                                               gangsbilds.

Abbildung 5.12: Algorithmus zur Detektion von Flüssigkeit unter Anwendung der Methode der opaken Schicht - Schritt V.

Der nächste Schritt ist die Subtraktion der Hintergrundbeleuchtung von dem
Ausgangsbild und die anschließende Grauwertskalierung zur Ausnutzung des
gesamten Grauwertbereichs. Das skalierte Differenzbild Abbildung 5.13a
zeigt den verstärkten Vordergrund, dessen helle und dunkle Flächen mit einem
Schwellwertfilter selektiert werden. Vorab wird allerdings auch dieses Bild
mit einem Tiefpassfilter geglättet. Mit den beschriebenen morphologischen
Operatoren werden die benachbarten hellen und dunklen Regionen zusammengefügt und es resultiert Abbildung 5.13b.

Das quer durch Abbildung 5.13b verlaufende Rinnsal wurde zwar größtenteils
erkannt, jedoch muss die Kantendetektion weiter verbessert werden. Dazu
wird der Auswertebereich auf den Nahbereich des Rinnsals reduziert und der
Gradient des Grauwerts berechnet (siehe Abbildung 5.14a). In Relation zur
Größe eines Rinnsals können kleine Tropfen und Sprühnebel im Nahbereich
des Rinnsals vernachlässigt werden. So kann für die erneute Kantendetektion
ein geringerer Gradientenschwellwert verwendet werden. Dies war im ersten

Schritt nicht möglich, da ein geringer Schwellwert angewandt auf das Ausgangsbild zu einem Zusammenschluss von Sprühnebel oder auch nahe beieinander liegenden Tropfen geführt hätte.

 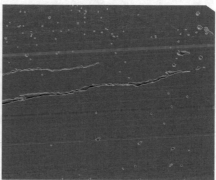

(a) Differenzbild aus Ausgangsbild und Hintergrundbeleuchtung.

(b) Im Differenzbild erkannte, weiß umrandete Regionen.

Abbildung 5.13: Algorithmus zur Detektion von Flüssigkeit unter Anwendung der Methode der opaken Schicht - Schritt V und VI.

Das Ergebnis dieses weiteren Ansatzes zur besseren Detektion von großflächigen Benetzungen, wie Rinnsalen und großen Tropfen, ist in Abbildung 5.14b dargestellt. In Kombination mit dem ersten Ansatz ist der Algorithmus zur Detektion lokaler Benetzung auf einer Fahrzeugscheibe damit vollständig. Ein Beispiel ist in Abbildung 5.15 abgebildet.

Die beschriebenen Prozessschritte sind als Funktion innerhalb der Bildauswertung integriert und ermöglichen trotz der Komplexität der Prozedur eine standardisierte und schnelle Auswertung großer Datenmengen. Im Gegensatz zur Fluoreszenzmethode liefert sie keinen von der Benetzungshöhe abhängigen Grauwert, sondern lediglich die Unterscheidung zwischen benetzten und unbenetzten Flächen.

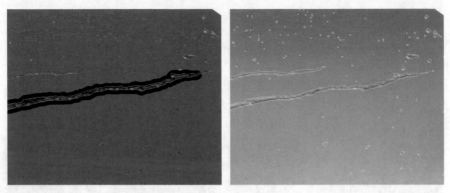

(a) Kantendetektion im Nahbereich.   (b) Detektion großflächiger Struktu-
                                           ren.

Abbildung 5.14: Algorithmus zur Detektion von Flüssigkeit unter Anwendung der Methode der opaken Schicht - Schritt VII.

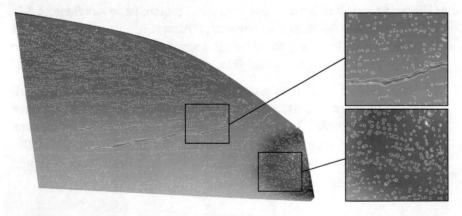

Abbildung 5.15: Detektion der Benetzung auf einer Fahrzeugscheibe mit der
Methode der opaken Schicht.

5.1.3 Gittermethode

Ein weiteres Verfahren, das im Rahmen dieser Arbeit entwickelt wurde, ist die sogenannte Gittermethode [80]. Dieses Verfahren nutzt die Lichtbrechung am Phasenübergang zwischen Flüssigkeit und Luft. Befindet sich ein Tropfen, wie in Abbildung 5.16 skizziert, auf einer transparenten Scheibe mit einer Struktur im Hintergrund, wird die Lichtbrechung verbunden mit der Wölbung der Tropfenoberfläche die Struktur verzerren.

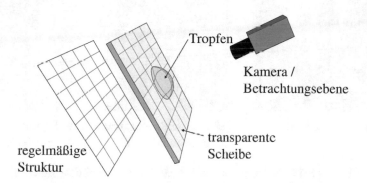

Abbildung 5.16: Schematische Darstellung der Gittermethode. Die Kamera erfasst das hinter der Scheibe befindliche Gitter, das durch den Tropfen lokal verzerrt wird.

Wie bei einer Lupe kann die Stärke der Verzerrung durch den Abstand der Struktur zur Tropfenoberfläche beeinflusst werden. Die Aufzeichnung erfolgt wie bei der Fluoreszenzmethode von der benetzten Seite.

Wie im Beispiel ist die Strukturierung im einfachsten Fall ein regelmäßiges Gitter. Eine Benetzung verursacht, wie in Abbildung 5.17a gezeigt, die Verzerrung des sonst regelmäßigen Gitters. Diese Verzerrung kann mit den im Folgenden erläuterten Methoden der Bildverarbeitung einfach automatisiert erfasst werden. In einem ersten Schritt werden aus dem Ausgangsbild (a) die hellen Bildpunkte über eine Schwellwertbedingung ausgewählt und in zusammenhängende Bereiche zerlegt. Dies liefert die einzelnen Gitterzellen. Hieraus werden jetzt die Zellen ausgewählt, die in ihrer Form und Größe von den regelmäßigen Zellgrößen abweichen. In Abbildung 5.17 sind die auffälligen Gitterzellen grau eingefärbt. Wie das Beispiel zeigt, ermöglicht dieses Verfahren die Erfassung der Randregionen eines Tropfens, in der die Tropfenwölbung groß ist. Die Fläche innerhalb der Randregion weist zwar keine signifikante Verzerrung auf, dennoch wird sie durch die umschließende Randkurve als benetzte Fläche bewertet. Durch Dilatationen und Erosionen wird die Randkurve geglättet und die benetzte Fläche, wie in Abbildung 5.17c gezeigt, erfasst.

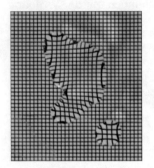 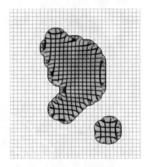

(a) Ausgangsbild.   (b) Auswahl verzerrter   (c) Ergebnis: Erkannte
                               Regionen (grau).   Tropfenkontur.

Abbildung 5.17: Beispiel zur automatisierten Detektion eines Tropfens auf einer Scheibe mit der Gittermethode.

Zwar ist der Detektionsalgorithmus vergleichsweise einfach und äußert robust, dennoch hat dieses Verfahren für die Untersuchung der Sichtfreihaltung zwei große Nachteile. Das beschriebene Vorgehen eignet sich gut für die Erfassung von Tropfen und Rinnsalen, die die Rastergröße deutlich übersteigen. Die Detektion von Sprühnebel erfordert aber ein sehr feines Gitter und eine entsprechend hohe Auflösung der Kamera. Gleichzeitig ist die Anwendung dieser Methode im Straßenversuch durch die Aufzeichnung von außen nur bedingt geeignet. Mit fortschreitender Kameratechnik könnte die Gittermethode jedoch zukünftig eine Option für Prüfstandsversuche darstellen.

5.2 Bewertungsgrundlagen für die Sichtfreihaltung

Zur Berücksichtigung der zeitlichen und örtlichen Varianz der Benetzung bedarf es quantitativer Kenngrößen, geeigneter Darstellungsformen und der Definition der Regionen von Interesse.

5.2.1 Erzeugung des Sichtfensters

Grundlage für eine Quantifizierung der Sichtfreihaltung ist die Definition der auszuwertenden Flächen. Die größte und am einfachsten zu definierende Fläche ist der von außerhalb des Fahrzeugs sichtbare Bereich der Seitenscheibe. Dieser Bereich wird in der Regel durch Fensterführungen, Dichtungen und Zierleisten auf der Scheibenaußenseite begrenzt. Zur einfacheren Beschreibung wird dieser Bereich im Folgenden als Seitenscheibe bezeichnet. Im Hinblick auf die Methode der opaken Schicht muss erwähnt werden, dass die Betrachtung der Seitenscheibe vom Fahrzeuginnenraum in der Regel nicht den gleichen sichtbaren Bereich liefert. Grund sind die auf der Scheibeninnenseite befindlichen Verblendungen.

Von besonderem Interesse ist die Sicht über den fahrerseitigen Außenspiegel auf den rückwärtigen Verkehr. Dieses freizuhaltende Sichtfenster resultiert aus der Schnittfläche der Sichtstrahlen zwischen Augen, Spiegelumrandung und der Seitenscheibe. Die Definition des Sichtfensters ist komplex, da neben Größe und Lage des Außenspiegels, die Scheibenwölbung und vor allem die unterschiedlichen Fahrzeugführer mit ihren verschiedenen Sitzpositionen und Größen berücksichtigt werden müssen. Das Sichtfenster muss somit fahrzeugspezifisch erstellt werden. Im Hinblick auf Reproduzierbarkeit und Standardisierung wurde ein Verfahren auf Grundlage der virtuellen Menschmodelle RAMSIS (Rechnergestütztes Anthropologisch-Mathematisches System zur Insassen-Simulation) [86] entwickelt, das im Folgenden kurz erläutert wird. Für eine ausführliche Darlegung der Sichtuntersuchung im Pkw sei auf die Arbeit von *Hudelmaier* [87] verwiesen.

Zur Berücksichtigung der verschiedenen Größen und Proportionen von Fahrzeuginsassen werden bei der BMW Group sieben virtuelle Menschmodelle für die Untersuchungen herangezogen. Die sogenannten Perzentile reichen von der kleinen 5 %-Frau als Sitzzwerg bis zum 99 %-Mann als Sitzriese. Der dem Geschlecht vorausgehende Prozentsatz gibt an, wie viel Prozent der Menschen dieses Geschlechts kleiner sind als das Perzentil dieser Größe. Die Perzentile werden nach ergonomischen Vorgaben unter Berücksichtigung der Fahrzeugauslegung, das heißt dem Sitzverstellfeld, der Pedalerie und des Lenkradverstellfelds, auf dem Fahrersitz positioniert. Somit existiert für jedes Fahrzeug ein repräsentatives Kollektiv an Fahrern.

Wird die Ausrichtung der Blickrichtung auf eine reine Kopfdrehung um die Hochachse vereinfacht, können aus den Augpunkten, der Spiegelumrandung und der Seitenscheibe die Sichtfenster automatisiert konstruiert werden. Die vom Perzentil abhängige Kopfrotation ergibt sich aus dem geringsten Abstand zwischen dem Spiegelmittelpunkt und dem Rotationskreis des Mittelauges. Das Mittelauge befindet sich zwischen dem linken und rechten Auge und dient in der Ergonomie zur Vereinfachung von Sichtuntersuchungen, bei denen der damit verbundene Fehler vernachlässigt werden kann. Für das rotierte linke und rechte Auge wird die Hüllfläche zwischen Auge und Spiegelglasumrandung gebildet, wie es in Abbildung 5.18 in grün gezeigt ist. Die Hüllflächen werden jeweils mit der Seitenscheibe verschnitten. Um den Fall der reinen Augendrehung zu berücksichtigen, werden diese Schritte nochmals ohne Kopfdrehung ausgeführt (orange). Pro Perzentil ergeben sich damit vier Schnittflächen, deren Umrandungen in Weiß dargestellt sind (siehe Abbildung 5.18b). Die Vereinigung dieser Flächen ist das für dieses Perzentil freizuhaltende Sichtfenster mit und ohne Berücksichtigung einer vereinfachten Kopfdrehung. Wird dieses Verfahren auf alle sieben Perzentile angewandt, ergibt sich das kumulierte Sichtfenster auf den Außenspiegel, dessen Umrandung als schwarze Linie in Abbildung 5.18b eingezeichnet ist.

(a) Draufsicht.   (b) Seitenansicht.

Abbildung 5.18: Erzeugung des kollektiven Sichtfensters auf den Außenspiegel.

Nach der Projektion auf die y-Ebene werden die Koordinaten der Kontur der Seitenscheibe und des kollektiven Sichtfensters exportiert. Innerhalb der Bildauswertungen werden die Masken über eine perspektivische Projektion auf die Fahrzeugscheibe übertragen. Dazu werden wie in Abbildung 5.19 visualisiert, zunächst vier charakteristische Punkte auf der Maske der Seitenscheiben ausgewählt und diesen die zugehörigen Referenzpunkte auf der Seitenscheibe zugewiesen. Wird die gleiche Transformationsmatrix auf die Sichtfenstermaske übertragen, wird diese in ausreichender Genauigkeit auf das Fahrzeug übertragen. Dies belegt die in der Aufnahme hinter der Scheibe befindliche Schablone, die eine Abwicklung der konstruierten Masken ist.

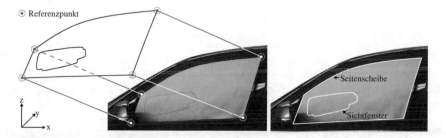

Abbildung 5.19: Projektion der CAD-Masken auf die Seitenscheibe.

Wenn keine CAD-Daten für das zu untersuchende Fahrzeug vorliegen, wie es bei Wettbewerbsfahrzeugen in der Regel der Fall ist, können zur Definition des Sichtfensters ausgedruckte Schablonen verwendet werden. Die Schablone sollte in diesem Fall von dem bekannten Vergleichsfahrzeug stammen. Das bietet für die im folgenden Unterkapitel erläuterten quantitativen Kenngrößen die beste Vergleichbarkeit, da die Bezugsfläche des Sichtfensters gleich ist. Zur komfortablen Übertragung der Schablone können die Linien durch eine Kantendetektion mit der Bildauswertung automatisch bestimmt werden.

5.2.2 Quantitative Bewertung

Die quantitative Bewertung der Sichtfreihaltung erfolgt über Kenngrößen wie den vom FKFS entwickelten und etablierten Verschmutzungsgrad [72]. Er ist definiert als prozentualer Anteil der benetzten Pixel bezogen auf die Gesamtzahl N_P der Pixel einer Region. Da eine Benetzung der Seitenscheibe nicht zwangsläufig mit einer Verschmutzung einhergeht, wird analog zum Verschmutzungsgrad in dieser Arbeit der Begriff Benetzungsgrad B_G verwendet. Die Unterscheidung zwischen benetzten und nicht benetzten Pixel erfolgt bei der Fluoreszenzmethode über die Intensität der Helligkeit I und die zu überschreitende Grauwertschwelle I_{SW} und es gilt

$$B_G = \frac{\sum_{n=0}^{N_P}(I(n) > I_{SW})}{N_P}100\%. \qquad \text{Gl. 5.9}$$

Eine weitere Kenngröße, die in der Fahrzeugverschmutzung Verwendung findet, ist der ebenfalls vom FKFS entwickelte Kontaminationsfaktor K_F. Er beschreibt die mittlere Helligkeit einer Region und wird über Gl. 5.10 gebildet.

$$K_F = \frac{\sum_{n=0}^{N_P} I(n)}{N_P} \qquad \text{Gl. 5.10}$$

Diese Kenngröße ist allerdings stark von der Beleuchtungsintensität, dem Mischungsverhältnis und der Fahrzeugfarbe abhängig.

Werden die durch die Überschreitung der Grauwertschwelle als benetzte Pixel identifizierten Bereiche in zusammenhängende Regionen überführt, können über Merkmale, wie Form und Größe, die Grundformen der Benetzung, das heißt Sprühnebel, Tropfen und Rinnsale, erkannt werden. Neben der Anzahl dieser Grundformen kann dann der jeweilige Beitrag zum gesamten Benetzungsgrad bestimmt werden.

5.2.3 Visuelle Darstellungsformen

Für die Bewertung der Sichtfreihaltung ist eine Kenngröße alleine oft nicht aussagekräftig genug, da sie keine Informationen über die örtliche und zeitliche Verteilung oder die Entstehungsmechanismen bietet. In der Praxis erfolgt daher oft ein Vergleich von Videos oder einzelnen Benetzungsbildern. Die direkte, unbearbeitete Darstellungsform ist das Schwarz-Weiß-Bild. Zur Kontrasterhöhung kann dies verstärkt werden. Aus der Helligkeit der benetzten Flächen können qualitative Aussagen zur Filmhöhe abgeleitet werden. Der Vorteil dieser Darstellungsform ist deren einfaches Verständnis und dass kein Schwellwert zur Detektion der Benetzung verwendet wird, wodurch der Betrachter diese Differenzierung selbst vornimmt. Feinster Sprühnebel, der durch eine zu geringe Helligkeit unterhalb der Grauwertschwelle liegt, bleibt so sichtbar.

Ein Nachteil der unbearbeiteten bzw. verstärkten Schwarz-Weiß-Bilder ist, dass die Fahrzeug-Geometrie nur schwer zu erkennen ist. Daher werden für alle im Weiteren erläuterten Darstellungsformen die benetzten Regionen einem gut ausgeleuchteten Einrichtbild überlagert. Dieses Einrichtbild wird ohnehin für die Positionierung der Masken benötigt und wird daher vor jedem Versuch aufgezeichnet. Das Schema der verschiedenen Schichten ist Abbildung 5.20 zu entnehmen. Als Grundlage dient das Einrichtbild (4), dessen Seitenscheibe (3) eingeschwärzt wird, um Spiegelungen und Fehldetektionen auszuschließen. Diesem modifizierten Einrichtbild werden die benetzten Regionen (2) und in der höchsten Ebene die Masken (1) überlagert.

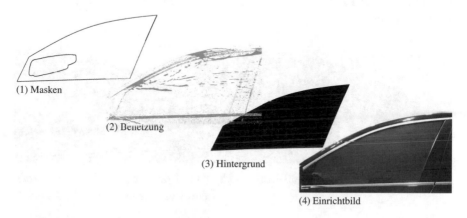

(1) Masken

(2) Benetzung

(3) Hintergrund

(4) Einrichtbild

Abbildung 5.20: Schema der Bildebenen zur Visualisierung der Benetzung.

Das verstärkte Rohbild in Abbildung 5.21a zeigt, dass bereits die Überlagerung der Masken die Interpretation der Benetzung stark vereinfacht. Abbildung 5.21b zeigt eine Klassifizierung der benetzten Regionen in die Grundformen der Benetzung; Rinnsale, Tropfen und Sprühnebel.

Wird die Fluoreszenzmethode angewendet und die Filmhöhe kalibriert, kann die lokale Filmhöhe über eine Farbskala wie in Abbildung 5.21c dargestellt werden. Wichtig hierbei ist, dass die Kalibrierung für nicht schwarzen Hintergrund, wie zum Beispiel der Chrom-Zierleiste, ihre Gültigkeit verliert. Besondere Sorgfalt ist hierbei auf eine homogene Ausleuchtung zu legen. Da dies im Allgemeinen nur für die Seitenscheibe, nicht aber für die gewölbte A-Säule gegeben ist, ist die Filmhöheninformation nur für die Seitenscheibe gültig.

Bei den bisher beschriebenen Darstellungsformen wird ein diskreter Zeitpunkt betrachtet und verglichen. Dies kann schnell zu Fehlinterpretationen führen. Eine erste Abhilfe zur Berücksichtigung der Dynamik können Bildfolgen oder Videos darstellen. Jedoch ist der objektive Vergleich verschiedener Versuche unter Berücksichtigung der zeitlichen Entwicklung äußerst schwierig. Mit dem Anspruch, die Benetzungsdynamik einer Zeitspanne in einem Einzelbild darzustellen, wurde daher eine neue Visualisierungsform entwickelt. Diese Visualisierungsform erfasst die Dynamik einer Benetzung über eine definierte stets konstante Zeitspanne, indem die Häufigkeit einer lokalen Benetzung über eine Farbskala aufgetragen wird. Die Filmhöhe findet hierbei keine Berücksichtigung. Ein Beispiel hierfür ist Abbildung 5.21d, wobei 30 Sekunden in der quasistationären Phase (siehe Abschnitt 6.3.2) ausgewertet und zusammengefasst wurden.

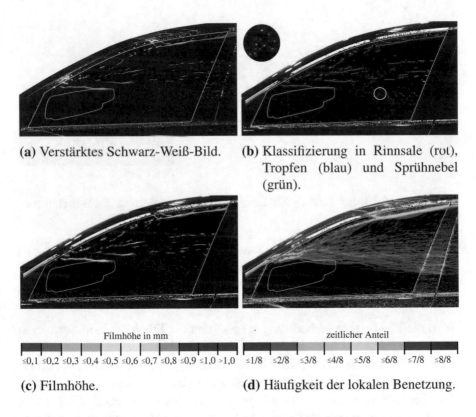

(a) Verstärktes Schwarz-Weiß-Bild.

(b) Klassifizierung in Rinnsale (rot), Tropfen (blau) und Sprühnebel (grün).

Filmhöhe in mm

≤0,1 ≤0,2 ≤0,3 ≤0,4 ≤0,5 ≤0,6 ≤0,7 ≤0,8 ≤0,9 ≤1,0 >1,0

zeitlicher Anteil

≤1/8 ≤2/8 ≤3/8 ≤4/8 ≤5/8 ≤6/8 ≤7/8 ≤8/8

(c) Filmhöhe.

(d) Häufigkeit der lokalen Benetzung.

Abbildung 5.21: Visuelle Darstellungsformen der Sichtfreihaltung.

Mit dieser Darstellungsform ist es möglich, die zeitliche Charakteristik eines Benetzungsvorgangs in einem Bild darzustellen. Anhand von Abbildung 5.21d lässt sich zeigen, dass das Sichtfenster über den gesamten Zeitbereich nahezu keine Benetzung aufweist. Im Bereich des Übergangs Windschutzscheibe zu Dach ist ein signifikanter Wasserübertritt über die A-Säule zu beobachten. Ein Teil der Flüssigkeit tritt über die Zierleiste und speist ein Rinnsal im oberen Bereich der Seitenscheibe. Die rote Bahn in der Fuge zwischen A-Säule und Zierleiste resultiert aus einer permanenten Detektion von Flüssigkeit. Die

Flussrichtung kann aus dieser Darstellungsform nicht bestimmt werden. Ist dies wie in einer Fuge nicht offensichtlich, können solche Fragen über die Einzelbildabfolge geklärt werden. Für den hier abgebildeten Fall fließt die Flüssigkeit getrieben durch die Gravitation abwärts. Mit dem Volllaufen des Spalts kommt es oberhalb des Sichtfensters zu einem dauerhaften Wasserübertritt von der Zierleiste auf die Seitenscheibe. Die sich auf der Scheibe bildenden Rinnsale und Tropfen nehmen verschiedene Wege, was durch die Auffächerung in blau mit einem geringen zeitlichen Anteil erkenntlich wird.

6 Ergebnisse

Das folgende Kapitel erörtert die Untersuchung der Sichtfreihaltung. Dabei werden zunächst die für belastbare Ergebnisse erforderlichen Randbedingungen wie der Prüfstand, als auch der Einfluss der Benetzbarkeit von Oberflächen betrachtet. Im Weiteren werden die typischen Phänomene erörtert, die zu einer Beeinträchtigung der Sichtfreihaltung führen. Auf Grundlage einer breiten Datenbasis wird ein gesamtheitlicher Blick auf die zeitliche Entwicklung der Sichtfreihaltung geworfen. Vor dem abschließenden Vergleich der Straßenfahrt mit dem Prüfstand wird die im Abschnitt 5.1.2 erläuterte Methode der opaken Schicht im Prüfstand gegen die Fluoreszenzmethode validiert.

6.1 Grundlagenversuche zur Benetzung

In den folgenden Abschnitten werden Grundlagenversuche zur Benetzung von Oberflächen vorgestellt. Zunächst wird die Benetzung von Fahrzeugscheiben betrachtet und der typische, kundenrelevante Kontaktwinkelbereich ermittelt. Im Anschluss werden Versuchsergebnisse zum Verhalten von Fluiden unter Gravitation und Windlast bei verschiedenen Oberflächenenergien präsentiert und diskutiert.

6.1.1 Benetzung von Fahrzeugscheiben

Die Benetzung von Oberflächen wird, wie aus Abschnitt 3.1 bekannt, durch die Grenzflächenenergie der beteiligten Phasen Luft, Fluid und Festkörperoberfläche bestimmt. Im Gegensatz zur Oberflächenspannung von Wasser ist die freie Oberflächenenergie von Fahrzeugscheiben keine konstante Größe. Ein Beleg dafür ist die in Abbildung 6.1 aufgetragene Variation der freien Oberflächenenergie und der damit korrespondierende Kontaktwinkel einer Seitenscheibe, zu verschiedenen Zeitpunkten eines Prüfstandsversuchs. Bei der Fahrzeuganlieferung ist die Konditionierung der Seitenscheibe in der Regel unbekannt und wird deshalb als zufällig bezeichnet. Für eine reproduzierbare Startbedingung wurde das Fahrzeug daher vor Versuchsbeginn in einer Waschanlage gewaschen. Die dabei aufgebrachten Substanzen bilden eine Schicht, die

© Springer Fachmedien Wiesbaden GmbH, ein Teil von Springer Nature 2018
H. Vollmer, *Neue Methoden zur Analyse der Benetzung von Pkw-Seitenscheiben*,
Wissenschaftliche Reihe Fahrzeugtechnik Universität Stuttgart,
https://doi.org/10.1007/978-3-658-22488-2_6

die hohe polare Oberflächenenergie der Scheibe unterdrückt, wodurch ein hoher Kontaktwinkel entsteht. Da die eingesetzten Substanzen keine reaktive Verbindung mit der Fahrzeugoberfläche eingehen, vermindert sich die Hydrophobierung durch abrasiven Abtrag und, wenn auch viel langsamer, durch ablaufendes Wasser. Dies offenbart der zum Versuchsende wieder erstarkte polare Anteil der Oberflächenenergie und der gesunkene Kontaktwinkel.

Die Beeinflussbarkeit der Oberflächenenergie einer Fahrzeugscheibe durch die Fahrzeugreinigung wirft die Frage nach einem für die Kunden repräsentativen Scheibenzustand auf. Zur Beantwortung dieser Frage wurde für ein Kollektiv von über 30 BMW Fahrzeugen zufälliger Konditionierung der Kontaktwinkel von Wasser und Diiodmethan auf der Seitenscheibe gemessen und die Oberflächenenergie bestimmt.

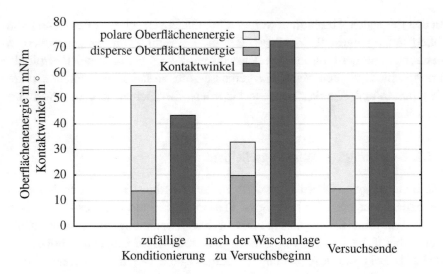

Abbildung 6.1: Veränderung der Benetzbarkeit einer Seitenscheibe zu verschiedenen Zeitpunkten eines Prüfstandsversuchs zur Sichtfreihaltung.

Die in Abbildung 6.2a dargestellten Kontaktwinkel liegen im Bereich zwischen 35° und 75°. Unabhängige Messungen von *Landwehr et. al* [22] lieferten ein ähnliches Ergebnis. Die Bandbreite ist Ausdruck des unterschiedlichen Reinigungszustands, der sich durch die Stärke und Aufteilung der Oberflächenenergie in Abbildung 6.2b begründet. Während der disperse Anteil der

Oberflächenenergie über die Fahrzeuge vergleichsweise geringe Schwankungen aufweist, sind die Unterschiede der polaren Anteile deutlich. Wie bereits beschrieben (siehe Abschnitt 3.1), resultiert die Hydrophobierung aus der Unterdrückung der eigentlich hohen polaren Oberflächenenergie einer Fahrzeugscheibe. Zum einen fördert dies das Abperlen von Wasser in der Trocknungsphase nach der Fahrzeugwäsche, zum anderen ist es vorteilhaft für die Schmutzfreihaltung und wird daher gezielt in Waschanlagen eingesetzt.

Für die Untersuchung der Sichtfreihaltung muss der typische Kontaktwinkelbereich weiter eingegrenzt werden. Damit kann die Varianz der Versuchsergebnisse, wie sie in Abschnitt 6.1.2 und Abschnitt 6.3.3 aufgezeigt werden, reduziert werden. Wird davon ausgegangen, dass ein Fahrzeugführer, der die Benetzung der Seitenscheibe als Komforteinbuße wahrnimmt, sein Fahrzeug regelmäßig in einer Waschanlage reinigt, ist nach Abbildung 6.1 ein Kontaktwinkel um die 70° wahrscheinlich. Zwar sind auch geringere Kontaktwinkel kundenrelevant, doch als Ausgangspunkt für die Untersuchung der Sichtfreihaltung sollte die gereinigte Scheibe herangezogen werden. Das bietet für die Fahrzeugkonditionierung den Vorteil, dass Substanzen, wie sie in Waschstraßen verwendet werden, zur Vorkonditionierung eingesetzt werden können. Damit ist es möglich einen Kontaktwinkel im Bereich 65° bis 75° prozesssicher zu erzielen. Eine derartige Konditionierung muss regelmäßig wiederholt werden, da sich die Substanzen mit der Zeit abtragen. Das Aufbringen der Substanzen über eine Sprühflasche geht aber einfach und schnell. Da keine Substanzen aufpoliert werden müssen, ist auch ein homogener Kontaktwinkel über die Seitenscheibe gewährleistet.

Da sich die Oberflächenenergie aus der Messung des Kontaktwinkels von Wasser und einer zweiten Flüssigkeit berechnet und dies einen gesteigerten Aufwand für die Messungen bedeutet, wird die Oberflächenbeschaffenheit im Folgenden lediglich über den Kontaktwinkel beschrieben.

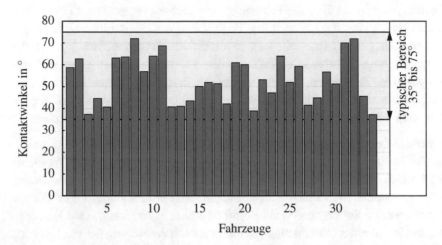

(a) Kontaktwinkel von Wasser.

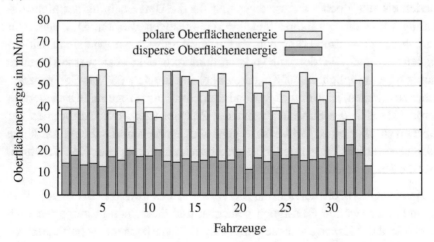

(b) Oberflächenenergie der Seitenscheiben aufgeteilt in polaren und dispersen
Anteil.

Abbildung 6.2: Kontaktwinkel und Oberflächenenergie der Seitenscheibe von
zufällig ausgewählten BMW Fahrzeugen.

6.1.2 Einfluss der Oberflächenenergie auf das Fließverhalten von Rinnsalen

In der Literatur finden sich zahlreiche Arbeiten, die sich mit der gravitationsgetriebenen Einphasen-Fluidströmung auf einer geneigten Platte befassen [88–90]. Diese Arbeiten unterteilen die auftretenden Strömungsformen in Filme, Rinnsale und Tropfen und befassen sich vorwiegend mit der für die Transition der Strömungsformen kritischen Flüssigkeitsbelastung, d. h. dem Volumenstrom pro berieselter Breite. Mit dem Absenken der Flüssigkeitsbelastung nimmt die zur Bildung von Filmen notwendige Energie ab und es bilden sich aufgrund der Oberflächenspannung des Fluids Rinnsale bzw. bei weiter fallender Belastung Tropfen.

Schmuki und Laso [88] folgern aus ihren Experimenten, dass neben der Flüssigkeitsbelastung auch die Oberflächenspannung des Fluids und dessen Viskosität großen Einfluss auf die Strömungsform haben. Eine Varianz der Oberflächenspannung ist für die Untersuchung der Sichtfreihaltung eventuell durch die Hinzugabe fluoreszierender Additive oder durch Verunreinigungen gegeben. Die im vorherigen Abschnitt gezeigte Streubreite der Oberflächenzustände typischer Fahrzeugscheiben ist jedoch stark ausgeprägt. Für die Sichtfreihaltung stellt sich die Frage, welchen Einfluss die Variation der Oberflächenenergie auf die Gestalt und das Fließverhalten von schubspannungsgetriebenem Wasser hat. Die Fahrzeuggeometrie und die dort auftretenden Strömungsphänomene sind für Grundlagenversuche zur Untersuchung des Fließverhaltens von Wasser zu komplex und es sollte gerade im Hinblick auf die Validierung numerischer Mehrphasensimulationen auf einfache Geometrien zurückgegriffen werden.

Für den folgenden Versuch wurde daher der bereits von *Spruss* [30, 91] zur Untersuchung von Fluidfilmen eingesetzte Messaufbau in Abbildung 6.3 verwendet.

Der Versuchsaufbau ermöglicht durch die einfache und strömungsgünstige Geometrie die Untersuchung schubspannungsgetriebener Fluide unter dem Einfluss von Gravitation auf einer ebenen oder angestellten Platte. Ziel dieses Grundlagenversuchs war es zum einen den Einfluss der Oberflächenbeschaffenheit auf das Fließverhalten von Rinnsalen und zum anderen den etwaigen Einfluss der fluoreszierenden Additive zu untersuchen.

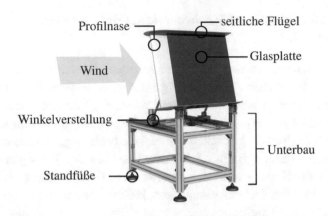

Abbildung 6.3: Plattenaufbau nach *Spruss* [91].

Der in Abbildung 6.3 abgebildete Versuchsaufbau besteht aus einer ebenen Glasplatte mit einer vorgesetzten elliptischen Profilnase, seitlichen Winglets und einem Grundrahmen. Der Versuchsaufbau wird mit höhenverstellbaren Standfüßen ausgerichtet und mit Spanngurten am Windkanalboden fixiert. Zur Gewährleistung einer anliegenden Strömung hat die Profilnase einen Schlankheitsgrad von $\Lambda = 5$. Der Schlankheitsgrad ist definiert als das Verhältnis der Länge der Profilnase zu deren Höhe. Die seitlichen Flügel unterdrücken Randwirbel, die aus dem Druckunterschied zwischen Plattenober- und Unterseite resultieren könnten. Der Plattenaufbau ist über Gelenke und zwei Führungsschienen an den Grundrahmen angebunden. Die Neigung der Platte kann in 15°-Schritten von 0° bis 90° eingestellt werden.

Zur Annäherung an die Neigung einer Fahrzeugseitenscheibe wurde die Platte mit 75° angestellt. Die Flüssigkeit wurde über eine Injektornadel mit einer Länge von 100 mm und einem Innendurchmesser von 0,4 mm auf die Platte aufgebracht (siehe Abbildung 6.4). Mit der Haltevorrichtung wurde die Nadel unter einem Winkel von 57° zur Scheibenoberfläche parallel in Strömungsrichtung (x) fixiert. Als Pumpe diente eine pulsationsfreie Mikrozahnringpumpe der Firma HNP Mikrosysteme [92].

Für die Experimente mit fluoreszierender Flüssigkeit wurde die Rückseite der Scheibe mit schwarzer Folie beklebt, um Fehldetektionen auszuschließen. Die Bildaufzeichnung und die UV-Beleuchtung erfolgten normal zur Scheibe. Zur Detektion der Flüssigkeit ohne fluoreszierende Additive wurde die Methode der opaken Schicht eingesetzt. Hierzu wurde die Rückseite der Glasscheibe mit einer Milchglasfolie beklebt und die Kamera hinter der Glasscheibe positioniert. Während die Ergebnisse der Fluoreszenzmethode mit einer FullHD 50 Hz Videokamera aufgezeichnet wurden, kam für die Methode der opaken Schicht die in Abschnitt 4.1.3 beschriebene 5 MP Kamera bei einer Bildrate von 10 Hz zum Einsatz.

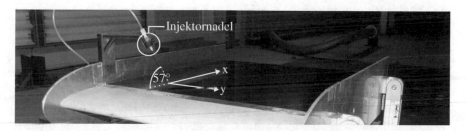

Abbildung 6.4: Eintrag des Fluids auf die Glasplatte mit Koordinatensystem.

Die Glasscheibe wurde derart präpariert, dass Kontaktwinkel von $\leq 10°$, $\approx 50°$, $\approx 80°$ und $\approx 100°$ erzielt wurden. Da die Konditionierung der Glasscheibe durch das manuelle Auftragen unterschiedlicher Substanzen erfolgte, konnte der Kontaktwinkel nur auf $\perp 5°$ eingestellt werden. Die Gültigkeit der Oberflächenbeschaffenheit wurde vor jeder Messreihe, bestehend aus fünf Einzelversuchen, durch eine Kontaktwinkelmessung von mindestens zehn auf die Glasplatte aufgebrachten Tropfen abgesichert und ggf. durch erneute Oberflächenbehandlung wiederhergestellt. Wie sich nachträglich herausstellte, hat sich die Substanz zur Erzielung eines 50°-Kontaktwinkels bereits über die fünf Einzelversuche einer Messreihe abgetragen. Dies führte zu einer sukzessiven Reduzierung des Kontaktwinkels, so dass eine Mittelung der Ergebnisse aus den fünf Wiederholungen nicht gültig ist. Abweichend von den anderen Kontaktwinkelgruppen wird daher für den 50°-Fall kein Mittelwert mit Standardabweichung, sondern das Ergebnis der jeweils ersten Versuchsreihe dargestellt.

Bei einer Anströmgeschwindigkeit von 80 km/h wurden für jeden Kontaktwinkel je fünf Versuche bei einem Massenstrom von 10 ml/min, 40 ml/min und 70 ml/min durchgeführt. In Abbildung 6.5 ist exemplarisch für einen diskreten Zeitpunkt die Ausprägung des Rinnsals für beide Methoden bei verschiedenen Kontaktwinkeln und einem konstanten Massenstrom von 10 ml/min dargestellt. Die Benetzungsbilder der Fluoreszenzmethode wurden zur besseren Darstellung invertiert und nur der als Benetzung detektierte Bereich dem Gitter überlagert. Zur Erkennung der Benetzung unter Anwendung der Methode der opaken Schicht wurde das in Abschnitt 5.1.2 beschriebene Verfahren eingesetzt und die benetzten Flächen dem Gitter überlagert.

Wie die Einzelbilder zeigen, hat die Variation des Kontaktwinkels einen starken Einfluss auf die Gestalt des Rinnsals. Während sich für den $\Theta \leq 10°$-Fall ein stabiles Rinnsal mit einer geradlinigen Kante ausbildet, zeigt das Rinnsal im $\Theta \approx 50°$-Fall ein mäandrierendes Verhalten. Für die Kontaktwinkel von $\approx 80°$ und $\approx 100°$ reicht die Belastung nicht mehr aus und es bildet sich anstelle eines Rinnsals eine Spur aus Tropfen.

Der Vergleich zwischen den beiden Fluiden zeigt für den Fall $\Theta \leq 10°$ leichte Unterschiede, deren Ursache liegt aber vor allem in den unterschiedlichen Detektionsmethoden, da die Methode der opaken Schicht bei sehr dünnen Filmen mit geringer Krümmung an ihre Grenzen stößt. Daher sollte die Vergleichbarkeit der beiden Methoden nicht an diesem Kontaktwinkel festgemacht werden. Für alle anderen Kontaktwinkel ist die qualitative Vergleichbarkeit der Fluide anhand der Einzelbilder sehr gut. Dies gilt auch für die hier nicht abgebildeten Versuche bei höheren Massenströmen.

Bereits aus dem optischen Vergleich der beiden Fluide folgt, dass bei einer geringen Zugabe des fluoreszierenden Additivs Tinopal SFP [77] keine merkliche Beeinflussung des Fließverhaltens eintritt. Das Additiv und die Fluoreszenzmethode kann damit auch am Fahrzeug eingesetzt werden. Dennoch darf diese Aussage nicht verallgemeinert werden, da es eine Vielzahl von fluoreszierenden Additiven gibt, die die Oberflächenspannung von Wasser bereits bei geringer Konzentration absenken.

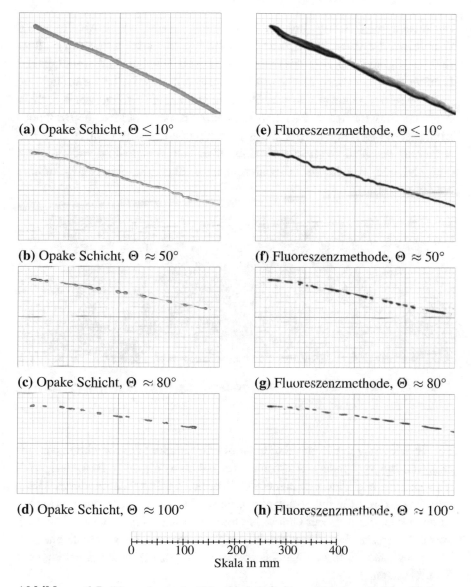

(a) Opake Schicht, $\Theta \leq 10°$

(e) Fluoreszenzmethode, $\Theta \leq 10°$

(b) Opake Schicht, $\Theta \approx 50°$

(f) Fluoreszenzmethode, $\Theta \approx 50°$

(c) Opake Schicht, $\Theta \approx 80°$

(g) Fluoreszenzmethode, $\Theta \approx 80°$

(d) Opake Schicht, $\Theta \approx 100°$

(h) Fluoreszenzmethode, $\Theta \approx 100°$

Skala in mm

Abbildung 6.5: Rinnsalgestalt (10 ml/min) bei verschiedenen Oberflächen-beschaffenheiten nach 20 Sekunden Versuchsdauer auf der mit 80 km/h überströmten, um 75° geneigten Platte. Die Abbildungen (a-d) wurden mit reinem Wasser und der Methode der opaken Schicht aufgezeichnet. Für die Bilder (e-f) wurde die Fluoreszenzmethode verwendet.

Zur quantitativen Auswertung der Einzelbilder wurden, wie in Abbildung 6.6 visualisiert, die ersten und letzten 50 mm des Rinnsals beschnitten, um Einflüsse durch die Injektion oder das Plattenende auszuschließen. Auf Grundlage der Detektion der benetzten Fläche erfolgte die Ermittlung der Rinnsalmittellinie über die Mittelpunkte der Kreise, die bei maximalem Durchmesser innerhalb der Rinnsalkontur liegen. Aus dem Kreisdurchmesser resultiert die Breite des Rinnsals, die fortlaufend über die Rinnsallänge ausgewertet wurde. Die Bestimmung des Abflusswinkels α erfolgt über eine Ausgleichsgerade, die mit der Methode der kleinsten Fehlerquadrate über die Rinnsal-Mittellinie bestimmt wurde.

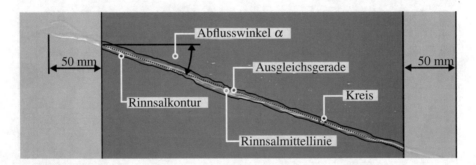

Abbildung 6.6: Visualisierung zur Bestimmung von Rinnsalbreite und Abflusswinkel.

Für die Messung der Rinnsalbreite ist die Genauigkeit des Detektionsverfahrens und die vorhandene Auflösung des Bildes von großer Bedeutung. Bei Verwendung der Fluoreszenzmethode wurde die Fluidregion durch Überschreitung einer Grauwertschwelle erfasst. Die damit verbundene Herausforderung ist die Wahl der Grauwertschwelle. Grundsätzlich muss sie so hoch gewählt werden, dass sie oberhalb des Grauwertrauschens der unbenetzten Platte liegt. Jedoch führt ein zu hoher Schwellwert zu einer Beschneidung der Rinnsalkanten.

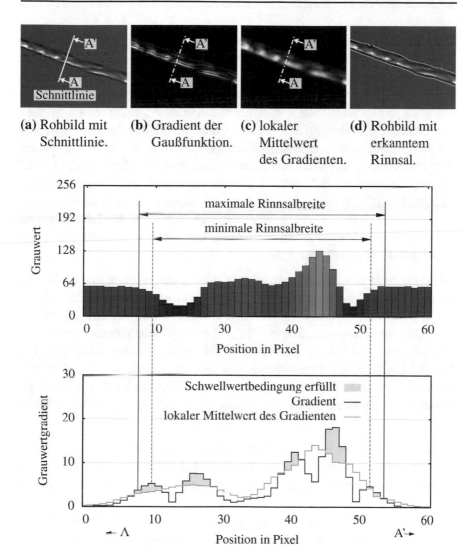

(e) Grauwertverlauf mit Gradient und lokalem Mittelwert im Schnitt A-A'. Grau markierte Bereiche erfüllen die Schwellwertbedingung eines starken Gradienten gegenüber dem lokalen Mittelwert.

Abbildung 6.7: Erläuterung der Rinnsalbreitenmessung und Fehlerabschätzung am Schnitt A-A' durch ein Rinnsal auf der geneigten Platte.

Die Methode der opaken Schicht arbeitet, wie in Abschnitt 5.1.2 beschrieben, mit dem Grauwertgradienten. Zur Fehlerabschätzung der Breitenmessung dient Abbildung 6.7. Für den Schnitt durch das in (a) abgebildete Rinnsal ist der Grauwertverlauf und dessen Gradient in (e) aufgetragen. Die Kantendetektion erfolgt über einen dynamischen Schwellwert. Dazu wird die Stärke des Gradienten (siehe (b)) mit dem mittleren lokalen Gradienten (siehe (c)) verglichen. Der mittlere lokale Gradient ergibt sich aus der Anwendung einer einfachen Faltung auf den Gradienten. Pixel, deren Gradient größer als der lokale Mittelwert ist, erfüllen die Schwellwertbedingung. Abbildung 6.7e zeigt mehrere Bereiche in denen die Schwellwertbedingung für die Kantendetektion erfüllt wird. Durch die bereits beschriebenen Verfahren der Dilatation und Erosion (siehe Abbildung 5.9) werden die Bereiche miteinander verbunden und damit die Rinnsalkontur erfasst.

Diese Methode liefert den Beginn der Gradientenabweichung und damit eine maximale Breite, die die tatsächliche Rinnsalbreite eventuell überschätzt. Wird die Rinnsalbreite konservativ über den Abstand zwischen den maximalen Randgradienten bestimmt, ergibt sich für diesen Fall ein Toleranzbereich von sechs Pixeln, was bei der gegebenen Auflösung ca. 1,3 mm entspricht. Die Schnittkurve ist über die verschiedenen Kontaktwinkel und Massenströme sehr ähnlich und es kann davon ausgegangen werden, dass die im Folgenden angegebenen Rinnsalbreiten maximal 1,3 mm unterhalb der angegebenen Werte liegen.

Unabhängig von der Methode hängt die Genauigkeit der optischen Breitenmessung direkt von der Bildauflösung ab. Für die Fluoreszenzmethode stellt die Wahl der Grauwertschwelle eine Unsicherheit dar und es muss während der Versuche auf ein konstantes Mischungsverhältnis und eine konstante und homogene UV-Beleuchtung geachtet werden. Die Methode der opaken Schicht ist durch die Detektion über den Grauwertgradienten robuster, wenn auch komplexer.

Abbildung 6.8 zeigt die Auswertung der Rinnsalbreite für Wasser und fluoreszierende Flüssigkeit auf der 75° geneigten Platte bei verschiedenen Kontaktwinkeln. Wie aus Abbildung 6.8b zu entnehmen, steigt die Rinnsalbreite bei einem Kontaktwinkel kleiner 10° und einem Massenstrom ab 30 ml/min sprunghaft an. Durch die starke Rinnsalbelastung in Kombination mit der hohen Oberflächenenergie bildet sich ein Film, wie er bereits in den Versuchen von *Spruss et al.* [91] vorlag. Zwar führten *Spruss et al.* ihre Versuche bei einem Anstellwinkel von maximal 30° durch, dennoch sind die Rinnsal- bzw.

Filmbreiten von ihrer Größenordnung für den Kontaktwinkel sehr gut vergleichbar. Aufgrund des dünnen Films und des damit schwachen Gradienten im Randbereich des Rinnsals sind für die Methode der opaken Schicht keine Werte angegeben.

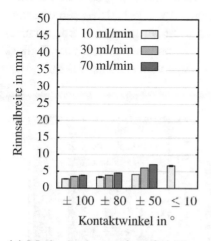 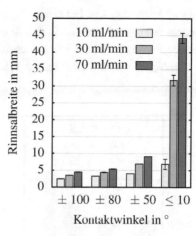

(a) Methode der opaken Schicht und Wasser.

(b) Fluoreszenzmethode und fluoreszierendes Wasser.

Abbildung 6.8: Mittlere Rinnsalbreite für Wasser und fluoreszierende Flüssigkeit bei verschiedenen Kontaktwinkeln und Massenströmen, auf der 75° geneigten, mit 80 km/h überströmten Platte.

Grundsätzlich steigt für beide Fluide die Rinnsalbreite mit abnehmendem Kontaktwinkel und zunehmendem Massenstrom. Bei einem geringen Massenstrom von 10 ml/min ist die Rinnsalbreite der beiden Fluide nahezu identisch. Die mit der Massenstromerhöhung verbundene Zunahme der Rinnsalbreite ist jedoch bei der fluoreszierenden Flüssigkeit stärker ausgeprägt. Für die fluoreszierende Flüssigkeit ist die Breitenzunahme vom minimalen zum maximalen Massenstrom zwischen anderthalb und doppelt so groß wie die Breitenzunahme von reinem Wasser. Ob dieses Verhalten physikalischer Natur ist oder aus der Bildaufzeichnung und Analyse resultiert, kann aus den bestehenden Messungen nicht aufgelöst werden.

Die Auswertung der Abflusswinkel ist in Abbildung 6.9 gegeben. Aus den Diagrammen geht hervor, dass der Abflusswinkel mit abnehmendem Kontaktwinkel steigt. Dies begründet sich über den Wandel der Fluidgestalt von einzelnen Tropfen zum filmähnlichen flachen Rinnsal. So haben Tropfen die größte spezifische Oberfläche bezogen auf ihr Volumen und haben verglichen mit filmähnlichen Rinnsalen eine große Höhe, bei einer gleichzeitig geringen Kontaktfläche mit der Oberfläche. Wie auch durch *Hoffmann* [90] berichtet, ist der Einfluss äußerer Kräfte auf Tropfen oder Rinnsale größer als auf filmähnliche Rinnsale. Die bei einem Kontaktwinkel von $\approx 100°$ vorherrschenden Tropfen werden daher durch den Wind unter einem geringen Abflusswinkel über die Platte getrieben. Mit abnehmendem Kontaktwinkel sinkt der Einfluss der Windkraft und die Gravitation führt zu steigenden Abflusswinkeln.

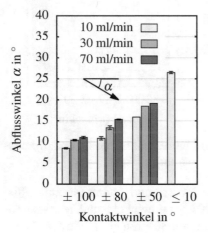 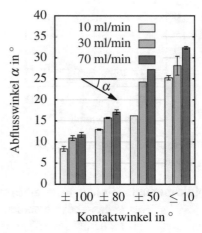

(a) Methode der opaken Schicht und Wasser.   **(b)** Fluoreszenzmethode und fluoreszierendes Wasser.

Abbildung 6.9: Abflusswinkel für Wasser und fluoreszierende Flüssigkeit bei verschiedenen Kontaktwinkeln und Massenströmen. Ermittelt auf der mit 80 km/h überströmten, um 75° geneigten Platte.

Die Vergleichbarkeit der beiden Fluide ist insbesondere bei den Kontaktwinkeln größer 80° oder allgemein bei einem Massenstrom von 10 ml/min gut. Für diese Bereiche ist der Abflusswinkel eine robuste Vergleichsgröße für die Validierung numerischer Verfahren, da für die Bestimmung des Abflusswinkels die Genauigkeit der Kantendetektion eine untergeordnete Rolle spielt. Etwaige Fehler, beispielsweise durch einen falsch gewählten Schwellwert, würden die Flanken des Rinnsals auf beiden Seiten in gleichem Maße beeinflussen. Die Mittellinie bleibt davon unbeeinträchtigt. Für den Methoden

vergleich gewinnt die Kantendetektion mit dem Übergang vom Rinnsal zum Film wieder an Bedeutung. Wie schon bei der Ermittlung der Rinnsalbreite beschrieben, ist die Detektion der Flanken durch den schwachen Gradient im Randbereich eines filmähnlichen Rinnsals schwierig. Für die Methode der opaken Schicht wurde daher für die filmähnlichen Rinnsale keine Abflusswinkel angegeben.

Die Übertragung dieses Grundlagenversuchs auf die Versuche zur Sichtfreihaltung liefert die folgenden Erkenntnisse:

- Im für die Sichtfreihaltung relevanten Kontaktwinkelbereich von 35° bis 75° ist das Fließverhalten für beide Fluide sowohl qualitativ als auch quantitativ vergleichbar. Das heißt, die geringe Konzentration der fluoreszierenden Additive stellt keine merkliche Beeinflussung dar. Bei dieser Bewertung gilt es zu berücksichtigen, dass der Kontaktwinkel der Glasscheibe nur auf ± 5° eingestellt werden konnte und daraus eine theoretische Abweichung von bis zu 10° zwischen zwei Versuchsreihen resultieren kann. Besonders bei dem sensiblen, mäandrierenden Fließverhalten um den Kontaktwinkel von 50° kann das Unterschiede im Abflusswinkel zwischen Wasser und fluoreszierendem Wasser erklären.
- Der aerodynamische Einfluss auf das Fließverhalten steigt mit zunehmendem Kontaktwinkel.
- Eine Erhöhung des Massenstroms und die damit einhergehende erhöhte Belastung (Fluidvolumenstrom) pro benetzter Breite mindert den aerodynamischen Einfluss.
- Bei gleichem Wassermassenstrom führt ein niedriger Kontaktwinkel zu höheren Benetzungsgraden, da die benetzte Fläche zunimmt.
- Die freie Oberflächenenergie bzw. der Kontaktwinkel muss erfasst, kontrolliert und bei der Bewertung der Ergebnisse berücksichtigt werden.
- Für belastbare numerische Mehrphasensimulationen von Rinnsal- und Tropfenströmungen muss der Einfluss von Oberflächenspannung und freier Oberflächenenergie auf Gestalt und Verhalten von Fluiden berücksichtigt werden.

6.2 Einflussgröße Windkanal

Der Windkanal ist die primäre Entwicklungsumgebung für die Untersuchung der Sichtfreihaltung. Die korrekte Fahrzeuganströmung, die Darstellung der

Regenfahrt sowie der Einfluss der UV-Beleuchtung werden daher in den folgenden Unterkapiteln diskutiert.

6.2.1 Fahrzeuganströmung

Verglichen mit dem BMW Automobilwindkanal (AWK) oder dem BMW Aerolab, die in der Aerodynamikentwicklung eingesetzt werden, ist der Umweltwindkanal mit seiner $8,4\,m^2$ Düse relativ klein und Windkanalinterferenzeffekte, wie Düsenblockierung oder Strahlaufweitung können die Fahrzeugumströmung beeinflussen. Zur Klärung der Größe dieser Effekte und ob daraus eine Beeinträchtigung für die Untersuchung der Sichtfreihaltung resultiert, dient die im Folgenden beschriebene Messkampagne. Für eine detaillierte Beschreibung des AWK sei auf die Arbeit von *Schäufele* [93] verwiesen.

Im Rahmen einer Messkampagne erfolgten in Kooperation mit dem FKFS Vergleichsmessungen zwischen den BMW Windkanälen und dem BMW Umweltwindkanal. Hierbei konnte auf das Sensorfahrzeug von *Estrada* [94] zurückgegriffen werden. Das Sensorfahrzeug, ein BMW der 5er Baureihe, ist mit Druckmesstechnik ausgerüstet und wurde in der Vergangenheit für den Abgleich der Straßenfahrt zum Prüfstand verwendet. Für das als autarkes Messsystem konzipierte Fahrzeug erfolgte die Bestimmung des Staudrucks über die Differenz zwischen dem mit einer Lanze vor dem Fahrzeug erfassten Totaldruck und dem Umgebungsdruck, der der P7-Messstelle auf der Motorhaube entnommen wurde. Die P7-Messstelle wurde so positioniert, dass sie sich im Nulldurchgang des Druckverlaufs über der Motorhaube befindet. Für eine ausführlichere Vorstellung des Sensorfahrzeugs sei an dieser Stelle auf die Arbeit von *Estrada* [94] verwiesen.

Da der UWK über keine mit dem AWK vergleichbare Bodensimulation verfügt, wurden die Druckverläufe ohne Bodensimulation aufgezeichnet. Im AWK wurde lediglich die primäre Grenzschichtvorabsaugung (Scoop) aktiviert, um die Ablösung am Scoop zu verhindern. Abbildung 6.10 zeigt die Druckverläufe im Mittelschnitt des 5er BMW im AWK und UWK. Für den UWK sind zwei Konfigurationen mit und ohne Regenrack angegeben.

Die Druckverläufe über die Motorhaube sind für AWK und UWK mit oder ohne Regenrack nahezu identisch. Erst mit dem Übergang zum Dach kommt es zu leichten Abweichungen, die Drücke über dem Dach sind im UWK höher als im Referenzkanal AWK. Die erhöhten Drücke resultieren aus einer geringeren Strömungsgeschwindigkeit, die sich nach *Merker und Wiedemann* [95] auf das Phänomen der Strahlaufweitung zurückführen lässt. Die Strahlaufweitung resultiert aus der begrenzten Höhe des Freistrahls und ist damit direkt mit der Düsenhöhe verbunden.

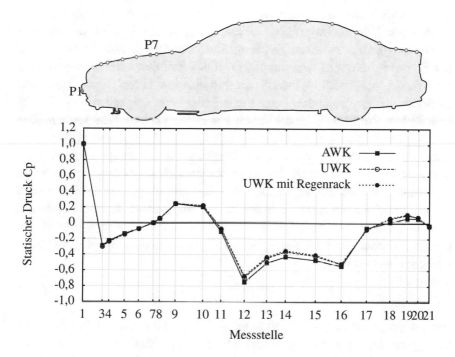

Abbildung 6.10: Vergleich des Druckverlaufs im Mittelschnitt eines 5er BMW im AWK und UWK.

Die Anforderung der Sichtfreihaltung an den UWK ist die korrekte Anströmung des Vorderwagens samt Front- und Seitenscheibe. Wie die Ergebnisse belegen, erfüllt der UWK diese Anforderung auch mit dem Regenrack, das einen vernachlässigbaren Einfluss auf die Oberflächendrücke hat.

6.2.2 Darstellung von Regen

Die Darstellung von Regen erfolgt in der Regel durch Sprühdüsen, die zwischen Düsenaustritt und Fahrzeug positioniert sind. Das durch die Sprühdüsen emittierte Wasser wird von der Luftströmung mitgetragen und benetzt das Fahrzeug. Diese Form der Darstellung von Regen ist jedoch nur eine Annäherung der realen Fahrsituation, da die Transformation der Regenfahrt in den Prüfstand nur eingeschränkt möglich ist.

In einem modernen Fahrzeugwindkanal ist das Fahrzeug am Boden fixiert und die Luft sowie die Laufbänder unterhalb des Fahrzeugs werden auf die gewünschte Fahrgeschwindigkeit beschleunigt. Somit werden die Relativgeschwindigkeiten zwischen Fahrzeug, Luft und Boden korrekt abgebildet. Die Schwierigkeit der Regensimulation ist das Emittieren der Wassertropfen. Wird für die Straßenfahrt Windstille angenommen, so fallen Tropfen senkrecht zu Boden und erreichen dabei eine finale Fallgeschwindigkeit wie in Gl. 3.15 beschrieben. Zur Einhaltung der Relativgeschwindigkeit im Windkanal müsste ein Tropfen in horizontaler Richtung mit der Windgeschwindigkeit und in vertikaler Richtung mit der von der Tropfengröße abhängigen finalen Fallgeschwindigkeit emittiert werden. Dies ist technisch nur bedingt möglich und die Relativgeschwindigkeit zwischen Tropfen und Luft wird in der Regel nicht eingehalten. Dies schwächt die Stabilität der Tropfen und führt zum Tropfenzerfall. Ausdruck der Stabilität ist die bereits erläuterte Weber-Zahl, die in diesem Fall aber mit der Relativgeschwindigkeit zwischen Tropfen und Strömung gebildet wird.

$$We = \frac{\rho \, v_{rel}^2 D}{\sigma} \qquad\qquad \text{Gl. 6.1}$$

Für den Vergleich zwischen Prüfstands- und Regenfahrt als auch für die Randbedingung der numerischen Simulationen wurde das emittierte Tropfenspektrum der im UWK eingesetzten Sprühdüsen mit einem Laserbeugungssystem (siehe Abbildung 6.11a) ermittelt. Das Messprinzip beruht auf der von der Tropfengröße abhängigen Beugung eines Laserstrahls, wie es in Abbildung 6.11b schematisch abgebildet ist. Das Beugungsbild wird durch ringförmige Detektoren erfasst und daraus die Tropfengröße ermittelt.

Zur Einordnung des Tropfenspektrums der Sprühdüsen ist deren Wahrscheinlichkeitsdichtefunktion in Abbildung 6.12 in die bereits bekannte Darstellung des natürlichen Regens eingefügt. Die Tropfengrößen der im Prüfstand emittierten Tropfen sind verglichen mit dem natürlichen Regen zu klein. Wie Messungen auf der Straße zeigen, entspricht das Tropfenspektrum im Windkanal eher der Gischt im Nachlauf von auf nasser Straße fahrenden Fahrzeugen [96]. Durch die Verwendung eines anderen Düsentyps ist es prinzipiell möglich, größere Tropfendurchmesser zu erzielen, doch diese würden noch sensitiver auf die hohe Relativgeschwindigkeit zur umgebenden Strömung reagieren und schnell zerfallen.

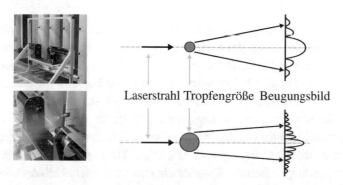

(a) Versuchsaufbau.   **(b)** Schematische Darstellung des Messprinzips der von der Tropfengröße abhängigen Beugung.

Abbildung 6.11: Versuchsaufbau zur Ermittlung des Tropfenspektrums der UWK Sprühdüsen mit einem Malvern-Spraytec-Messgerät.

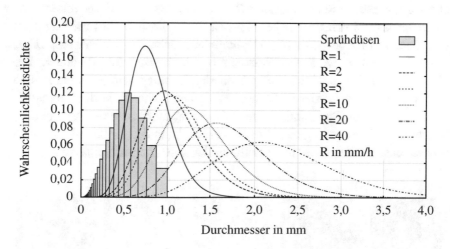

Abbildung 6.12: Wahrscheinlichkeitsdichtefunktionen der Tropfengrößen für verschiedene Niederschlagsklassen und den im BMW Umweltwindkanal verwendeten Sprühdüsen.

Während der Regenfahrt durchfährt ein Fahrzeug je nach Geschwindigkeit ein Luftvolumen mit einem von der Regenintensität abhängigen Wassergehalt. Durch die Transformation in den Prüfstand müsste folglich der Wassereintrag über die Sprühdüsen mit der Fahrgeschwindigkeit v gekoppelt werden. An dieser Stelle wird auf einen aus der Gebäudeaerodynamik stammenden Ansatz zur Ermittlung der windgetriebenen Regenintensität zurückgegriffen. Die ungestörte Regenintensität wird typischerweise über ein Niederschlagsmessgerät mit einer horizontalen Auffangfläche erfasst (vgl. Abschnitt 4.2.2). Je nach Tropfengrößenverteilung haben die Tropfen eine mittlere finale Fallgeschwindigkeit $\overline{v_f}$. Mit Wind werden die Tropfen abgelenkt und nehmen in horizontaler Richtung die Windgeschwindigkeit v an. Der Quotient aus Windgeschwindigkeit und mittlerer finaler Fallgeschwindigkeit stellt damit den Zusammenhang zwischen der Regenintensität R, gesehen von einer horizontalen Fläche, zur windgetriebenen Regenintensität R_{wdr} (engl. wind-driven rain), gesehen durch eine vertikale Fläche, dar [7].

$$R_{wdr} = \frac{v}{v_f} R \qquad\qquad \text{Gl. 6.2}$$

Die windgetriebene Regenintensität R_{wdr} ist insofern mit der Regenfahrt vergleichbar, da das Fahrzeug neben dem vertikal fallenden Niederschlag auch in horizontaler Richtung Tropfen einsammelt. Je schneller das Fahrzeug fährt, umso bedeutender wird der Wassereintrag in horizontaler Richtung. Bei 60 km/h ist der Wassereintrag in horizontaler Richtung bereits ca. viermal so groß wie der aus vertikaler Richtung. Das ist entscheidend für die Simulation der Regenfahrt im Prüfstand. Da im Windkanal die Tropfen in horizontaler Richtung in die Strömung eingebracht werden, kann der vertikale Wassereintrag auf das Fahrzeug nicht dargestellt werden und wird vernachlässigt.

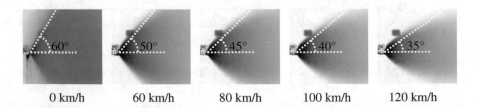

0 km/h   60 km/h   80 km/h   100 km/h   120 km/h

Abbildung 6.13: Einschnürung der Sprühkegel im UWK in Abhängigkeit von der Windgeschwindigkeit.

Die Erkenntnis, dass der Wasservolumenstrom im Prüfstand mit der Fahrgeschwindigkeit v nach Gl. 6.2 skaliert werden müsste, bleibt jedoch bestehen. Die Umsetzung ist jedoch impraktikabel, da die Erhöhung des Massenstroms bei einer gegebenen Düse zu einer stärkeren Zerstäubung und damit zu weiter sinkenden Tropfengrößen führt. Um dieses Problem zu umgehen, würde für jede Fahrgeschwindigkeit ein eigener Düsentyp benötigt. Dem entgegen steht die Einschnürung des Sprühkegels, wie sie aus Abbildung 6.13 zu entnehmen ist. Es ist zu erwarten, dass diese Bündelung des Strahls den Wassereintrag auf die Frontscheibe erhöht. Die eingezeichneten Winkel dienen zur Abschätzung.

Die Bündelung des Strahls lässt bereits vermuten, dass die Positionierung der Sprühdüsen zum Fahrzeug einen entscheidenden Einfluss auf die Sichtfreihaltung hat. Jedoch wird, wie in Abschnitt 4.1.1 beschrieben, im BMW Umweltwindkanal in der Regel eine feste Düsenreihe verwendet. Damit ist eine fahrzeugspezifische Ausrichtung nicht gegeben. Wie groß dieser Einfluss ist, wurde mit dem FKFS Regenemitter im UWK getestet. Neben der UWK Standardemitterhöhe von 1280 mm wurde die Höhe auf die Mitte des Außenspiegels (980 mm) reduziert.

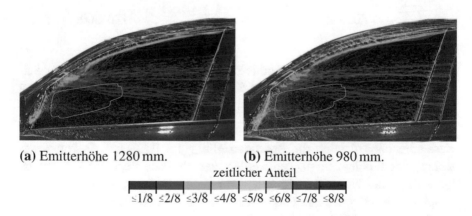

(a) Emitterhöhe 1280 mm.   **(b)** Emitterhöhe 980 mm.

zeitlicher Anteil

≤1/8   ≤2/8   ≤3/8   ≤4/8   ≤5/8   ≤6/8   ≤7/8   ≤8/8

Abbildung 6.14: Einfluss der Emitterhöhe auf die Charakteristik der Sichtfreihaltung bei einer Windgeschwindigkeit von 100 km/h. Aufgezeichnet im UWK mit der Fluoreszenzmethode.

Abbildung 6.14 ist ein Beispiel dafür, dass die Emitterhöhe keinen Einfluss auf die Charakteristik der Sichtfreihaltung hat. Jedoch variiert durch die Positionierung der Emitterhöhe der Wasserauftrag auf die Fahrzeugfront und die Intensität der einzelnen Phänomene wird beeinflusst. Dies belegt

Abbildung 6.15. Mit der Absenkung der Sprühdüsen auf das Niveau der Außenspiegel steigt der Benetzungsgrad über alle Geschwindigkeiten. Für die Optimierung eines Fahrzeuges ist diese Sensitivität auf die Sprühdüsenhöhe zunächst kein Nachteil. Sollen jedoch, wie im Entwicklungsprozess üblich, Vergleiche zwischen verschiedenen Fahrzeugen ausgeführt werden, ist eine am Fahrzeug ausgerichtete Sprühdüsenpositionierung zu empfehlen.

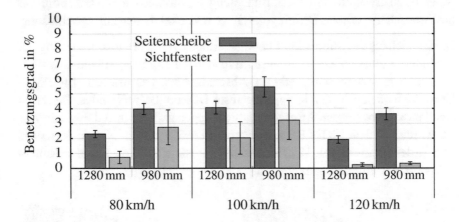

Abbildung 6.15: Einfluss der Emitterhöhe auf den Benetzungsgrad der Seitenscheibe und des Sichtfensters. Ermittelt im UWK mit der Fluoreszenzmethode.

Zusammenfassend muss die Regendarstellung im Prüfstand als komplexes technisches Problem verstanden werden, das die reale Regenfahrt nur annähernd darstellen kann. Diese Einschränkung gilt jedoch nur für die emittierten Tropfen, deren Größen und Flugbahnen, bis sie auf dem Fahrzeug auftreffen. Der Verlauf der Flüssigkeit auf der Fahrzeugoberfläche kann wiederum realitätsnah dargestellt werden. Es bleibt die Frage, inwieweit das vom natürlichen Regen abweichende Tropfenspektrum eine Beeinträchtigung darstellt, die zu falschen Optimierungsmaßnahmen führt und die Entwicklung im Prüfstand in Frage stellt. Die Antwort liefern die Ergebnisse der Straßenfahrt in Abschnitt 6.4.

6.2.3 UV-Beleuchtung

Voraussetzung für die Anwendung der Fluoreszenzmethode ist die Ausleuchtung der Seitenscheibe mit ultraviolettem Licht. Wie bereits aus dem Abschnitt 5.1.1 bekannt, erfolgt die Auswahl benetzter Bereiche über eine Grauwertschwelle. Damit bereits kleinste Tropfen auf der Scheibe detektiert werden können, ist ein geringer Schwellwert anzustreben. Auf der anderen Seite muss er so hoch gewählt werden, dass Tropfen in der Luftströmung zwischen Fahrzeug und Kamera nicht detektiert werden [72].

Diese gegensätzlichen Anforderungen werden in Abbildung 6.16 deutlich, einem zur besseren Darstellung verstärkten Graustufenbild. Die in der Strömung befindlichen Tropfen resultieren in einem Grauschleier, der die eigentliche Benetzung der Scheibe überlagert. Zusätzlich zu dieser flächigen Überlagerung existieren die Spuren von größeren Tropfen, die vom Spiegel ablösen, die Scheibe aber nicht beaufschlagen.

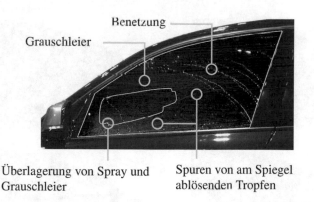

Abbildung 6.16: Verstärktes Rohbild einer benetzten Seitenscheibe. Aufgezeichnet mit der Fluoreszenzmethode im UWK.

In Abbildung 6.17a ist der Benetzungsgrad der Seitenscheibe in Abhängigkeit von der Grauwertschwelle für Abbildung 6.16 aufgetragen. Die zu den Schwellwerten 10 bis 16 korrelierenden Detektionen sind in Abbildung 6.17b abgebildet. Für dieses Beispiel sollte ein Schwellwert von mindestens 16 gewählt werden, um die in der Strömung befindliche Tropfen von der Detektion auszuschließen. Die Festsetzung des Schwellwerts kann empirisch ermittelt werden oder wie in *Spruss et al.* [72] beschrieben, über eine von Tropfen durchstreifte Kontrollfläche erfolgen.

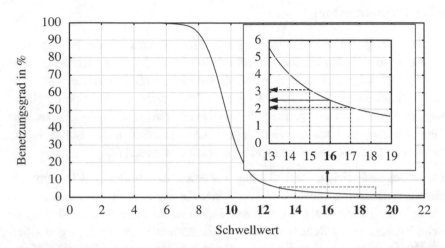

(a) Benetzungsgrad der Seitenscheibe in Abhängigkeit von der Grauwert-schwelle.

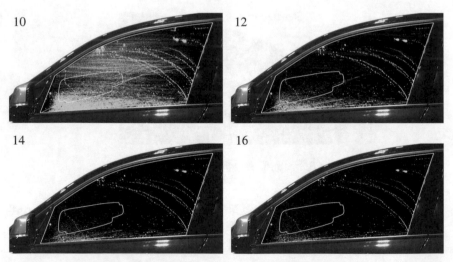

(b) Vier Beispielbilder zur Detektion von fluoreszierender Flüssigkeit in Ab-hängigkeit von der Grauwertschwelle.

Abbildung 6.17: Einfluss der Grauwertschwelle auf die quantitative Erfas-sung der Benetzung unter Anwendung der Fluoreszenz-methode.

Auch wenn der Gradient der Kurve um den Schwellwert von 16 vergleichsweise gering ist, so ist mit einer Variation der Schwelle um eine Helligkeits-
stufe eine Abweichung von $\pm$ 0,5 % Benetzungsgrad verbunden. Wird berücksichtigt, dass der im BMW UWK ermittelte Benetzungsgrad typischer Fahrzeuge kleiner als 10 % ist, stellt dies eine signifikante Größenordnung dar. Aus
der Sensitivität des Schwellwerts ergeben sich folgende Anforderungen:

- Ein reproduzierbarer Versuchsaufbau mit gleichbleibender UV-Beleuchtung. Hierbei ist insbesondere der Abstand zwischen UV-Quelle und Seitenscheibe konstant zu halten.
- Das Gemisch aus Wasser und fluoreszierenden Additiven muss zu jedem
  Versuchstag neu angemischt werden, um eine Beeinflussung durch das Absetzen der Additive auszuschließen. Bei der Anmischung ist auf ein konstantes Mischungsverhältnis zu achten.
- Konstante Kamera-, Objektiv- und Belichtungseinstellung.

Da sie alle Einflussparameter erfasst und Abweichungen offenbart, ist die Messung der Filmhöhe über eine Lehre, wie sie in Abschnitt 5.1.1 beschrieben
wird, eine Möglichkeit zur Qualitätskontrolle und sollte regelmäßig durchgeführt werden. Dies gilt insbesondere dann, wenn Versuchsparameter geändert
werden und der bisherige Schwellwert seine Gültigkeit verliert.

Abschließend kann bezüglich der Intensität der UV-Beleuchtung eine homo-
gene Ausleuchtung bei geringer Beleuchtungsintensität empfohlen werden.
Wird die UV-Intensität über die für die Detektion der Benetzung notwendige
Intensität erhöht, steigt auch die Fluoreszenz von in der Strömung befindlichen
Tropfen. Infolge dessen muss die Grauwertschwelle weiter angehoben werden.
Zwar ist dies technisch kein Problem, doch wie in Abschnitt 5.1.1 gezeigt,
fördert die erhöhte Anregung den schnellen zeitlichen Verfall der fluoreszie-
renden Moleküle.

6.3 Untersuchung der Sichtfreihaltung

Die folgenden Abschnitte befassen sich mit der Untersuchung der Sichtfreihaltung am Gesamtfahrzeug. Zunächst werden die Quellen und Phänomene
aufgezeigt, die zu einer Beeinträchtigung der Sichtfreihaltung führen. Im Anschluss erfolgt eine Betrachtung der zeitaufgelösten Entwicklung der Benetzung. Aus ihr folgt die Bestimmung der quasistationären Phase, die Grundlage

für die Auswertung der Versuchsergebnisse ist. Mit dieser Kenntnis und der bereits aus den Rinnsalversuchen bekannten Bedeutung der Oberflächen-energie erfolgt eine Untersuchung der Sichtfreihaltung am Fahrzeug bei ver-schiedenen Kontaktwinkeln. Vor dem abschließenden Vergleich zwischen Prüfstand und Straßenfahrt wird die Methode der opaken Schicht mit der Fluo-reszenzmethode im Prüfstand verglichen und validiert.

6.3.1 Quellen und Phänomene

Das resultierende Benetzungsbild einer Sichtfreihaltungsuntersuchung ist von der Fahrgeschwindigkeit, der Fahrzeuggeometrie, der Ausgestaltung von Dichtungen und Fugen und der damit verbundenen Umströmung dieser Berei-che abhängig. Auf den ersten Blick sind dies fahrzeugspezifische Details, den-noch lassen sich die Wasserpfade, die zu einer Benetzung der Seitenscheibe führen und die Ausbildung des charakteristischen Verschmutzungsbilds auf wenige Grundquellen bzw. Phänomene zurückführen. Die folgenden Ausfüh-rungen basieren auf den Resultaten und Beobachtungen von über fünfzig Versuchstagen, im Prüfstand oder auf der Straße, mit verschiedensten Fahr-zeugen unterschiedlicher Hersteller. Für Pkw können die folgenden Pfade zu einer Benetzung der Seitenscheibe führen:

- Direkte Benetzung der Seitenscheibe aus der Tropfen beladenen Strömung (siehe Abbildung 6.18a und Abbildung 6.18b).
- Fremdverschmutzung durch Spritzwasser vorbeifahrender Fahrzeuge.
- Eigenverschmutzung durch Spritzwasser von Reinigungsdüsen.
- Vom Außenspiegel ablösende Tropfen (siehe Abbildung 6.18c).
- Wasserübertritt über die A-Säule (siehe Abbildung 6.18d).

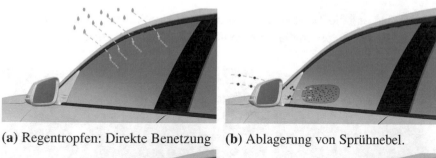

(a) Regentropfen: Direkte Benetzung (b) Ablagerung von Sprühnebel.

(c) Ablösung vom Spiegel mit Aus- (d) Wasserübertritt über die A-Säule.
bildung des Verschmutzungskeils.

Abbildung 6.18: Typische Quellen der Seitenscheibenbenetzung und ihr resultierendes Benetzungsbild.

Die direkte Benetzung der Seitenscheibe ist ein Phänomen, das unterteilt werden muss in große Tropfen und Sprühnebel. Die großen Tropfen treffen insbesondere bei geringen Fahrgeschwindigkeiten nahezu unbeeinflusst von aerodynamischen Kräften auf der Seitenscheibe auf. Dahingegen werden kleinste Tropfen mit der Strömung transportiert und können sich in Form von Sprühnebel auf der Seitenscheibe ablagern. Abbildung 6.18a zeigt schematisch das Phänomen der direkten Treffer. Ein Beispiel dafür ist Abbildung 6.19a, das unter Verwendung der Methode der opaken Schicht während einer Regenfahrt aufgezeichnet wurde. Die große Anzahl dunkelroter (dauerhafte Detektion) Tropfen in Abbildung 6.19b belegt, dass die Tropfen bei geringen Fahrgeschwindigkeiten an der Scheibe anhaften und es über der Zeit zu einer sukzessiven Zusetzung der Seitenscheibe kommt.

Die Benetzung durch große Tropfen, sei es durch Regen oder durch Spritzwasser vorbeifahrender Fahrzeuge, lässt sich nicht durch die Formgestaltung oder die damit einhergehende Aerodynamik beeinflussen und ist daher auch kein Optimierungsziel. Es ist nicht möglich diese Form der Benetzung im Prüfstand darzustellen, da im Prüfstand die mittleren Tropfendurchmesser zu gering sind und die Tropfen damit zu stark von der Strömung beeinflusst werden. Im Regelfall treffen die Tropfen nicht direkt auf der Seitenscheibe auf.

(a) Einzelbild.   (b) Summenbild.

zeitlicher Anteil

| ≤1/8 | ≤2/8 | ≤3/8 | ≤4/8 | ≤5/8 | ≤6/8 | ≤7/8 | ≤8/8 |

Abbildung 6.19: Direkte Benetzung der Seitenscheibe durch große, von aerodynamischen Kräften weitgehend unbeeinflussten Tropfen. Erfasst mit der Methode der opaken Schicht im Fahrversuch.

Eine Ausnahme stellen kleine Tropfen dar, die durch die Spiegelumströmung auf die Seitenscheibe gelenkt werden. Neben kleinen Regentropfen oder der Gischt vorausfahrender Fahrzeuge kann der Sprühnebel auch von der eigenen Scheinwerferreinigungsanlage ausgehen. Die in Abbildung 6.20a sichtbare Ablagerung von Sprühnebel auf der Seitenscheibe wurde durch einen Spiegel mit einem sich verengenden Kanal zwischen Spiegelgehäuse und Spiegeldreieck erzielt. Die Umlenkung der Strömung und das Aufplatzen der Tropfen führt zu einem kontinuierlichen Auftrag von Sprühnebel im Bereich des Sichtfensters. Aufgrund der Oberflächenspannung kommt es zur Koaleszenz und es bilden sich mit der Zeit Tropfen, die getrieben durch Gravitation und Aerodynamik ablaufen und sich in den blauen Bahnen in Abbildung 6.20b ausdrücken.

Ein ebenfalls den Spiegel betreffendes Phänomen ist die vorwiegend an der Spiegelunterkante auftretende Ablösung von Tropfen. Dies führt häufig zu einer keilförmigen Benetzung der Seitenscheibe, wie sie in Abbildung 6.18c skizziert ist. Auch hier führt das Aufplatzen der anfangs großen Tropfen zu einer Beaufschlagung der Seitenscheibe mit Sprühnebel. Ein Beispiel für dieses Phänomen zeigt Abbildung 6.21a und das Summenbild Abbildung 6.21b.

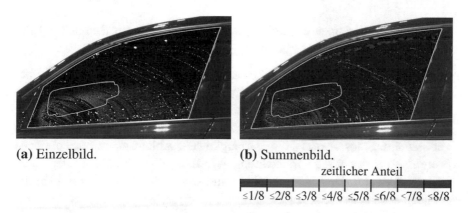

(a) Einzelbild.   **(b)** Summenbild.

zeitlicher Anteil

≤1/8 ≤2/8 ≤3/8 ≤4/8 ≤5/8 ≤6/8 <7/8 ≤8/8

Abbildung 6.20: Benetzung der Seitenscheibe durch Sprühnebel. Aufgezeichnet und ausgewertet mit der Fluoreszenzmethode im UWK.

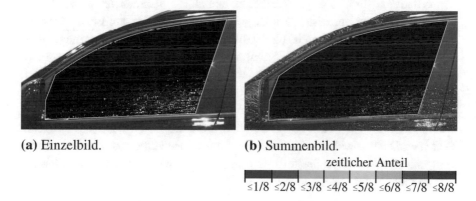

(a) Einzelbild.   **(b)** Summenbild.

zeitlicher Anteil

≤1/8 ≤2/8 ≤3/8 ≤4/8 ≤5/8 ≤6/8 ≤7/8 ≤8/8

Abbildung 6.21: Benetzung der Seitenscheibe durch am Spiegel ablösende Tropfen. Aufgezeichnet und ausgewertet mit der Fluoreszenzmethode im UWK

Die Bildung von Sprühnebel sowie das Ablösen von Tropfen ist direkt von der Spiegelgestaltung und der damit einhergehenden Umströmung abhängig. Das Phänomen der Bildung von Sprühnebel tritt vorwiegend bei geringen Fahrgeschwindigkeiten in Erscheinung, wenn die Strömungsgeschwindigkeit eine Ablagerung auf der Seitenscheibe ermöglicht und der Wasserübertritt über die A-Säule noch nicht dominiert. Wie beispielsweise durch *Höfer und Mößner* [97] beschrieben, kann durch die Formgestaltung die Bildung von Sprühnebel weitgehend verhindert werden und durch das Einbringen von Wasserrinnen und Schwertern können die Ablösepunkte von Tropfen im Hinblick auf das Abwurfverhalten optimiert werden.

Der primäre Wassereintrag auf die Seitenscheibe erfolgt in der Regel über die A-Säule. Das auf die Frontscheibe auftreffende Wasser wird zu einem großen Teil durch die Wischer, aber auch durch die Querströmung in Richtung A-Säule transportiert. Die A-Säule ist daher der erste und wichtigste Stellhebel zur Ableitung des Wassers. Wasserfangleisten, Ablaufrinnen oder einfache Stufen sollen das Wasser in Richtung Windlauf, über das Dach oder durch offene oder verdeckte Kanäle abführen und so den direkten Übertritt über die A-Säule verhindern. Mit der Geschwindigkeit wächst der Einfluss der aerodynamischen Kräfte auf das Wasser und vormals Richtung Windlauf ablaufendes Wasser fließt aufwärts Richtung Dach. Im Idealfall läuft das nach oben getriebene Wasser über das Dach ab und gelangt nicht auf die Seitenscheibe. Vorteilhaft hierfür ist eine große Stufe zwischen Frontscheibe und A-Säule, mit oder ohne Wasserfangleiste. Das ist jedoch nachteilig für den Luftwiderstand (siehe [97]) und die Akustik (siehe [98]), so dass das Wassermanagementkonzept der A-Säule häufig ein Kompromiss gewichtet nach den unterschiedlichen Anforderungen ist. Folglich kann der Übertritt von der Frontscheibe auf die A-Säule nicht immer gänzlich verhindert werden. Ähnliches gilt für die Gestaltung des Wasserfangkonzepts am oberen Ende der A-Säulen in Richtung Dach. Oft laufen die entlang der A-Säule verlaufenden Wasserfangleisten in Richtung Dach sowohl in der Tiefe als auch in der Höhe aus. Das am oberen Ende aus der Wasserfangleiste austretende Wasser wird von der Querströmung erfasst und über die A-Säule getrieben.

Auf der A-Säule folgt das Wasser getrieben durch die hohen Scherspannungen der Strömung, bis es auf Hindernisse wie Stufen oder Dichtungen stößt. In den Rücksprüngen von Hindernissen und Dichtungen ist die Strömung oft energiearm oder ganz abgelöst, wodurch Wasser im Zusammenspiel aus Kapillareffekten und Gravitation abwärts fließt.

Durch weitere Zuflüsse kann die Filmhöhe ansteigen, bis sie die windgeschützten Bereiche übersteigt und durch die Strömung erfasst wird. Ein Beispiel für den primären Wasserpfad von der Windschutzscheibe über A-Säule und Dichtung bis auf die Seitenscheibe ist in Abbildung 6.22b wiedergegeben.

Im oberen Bereich der A-Säule ist ein dauerhafter Wasserübertritt zu erkennen. Die rote Linie entlang der Dichtfuge ist das Ergebnis des permanenten in ihr nach unten abfließenden Wassers. Kurz vor dem Erreichen des Spiegeldreiecks gelangt das Wasser von der Dichtung auf die Seitenscheibe. Wie aus Abbildung 6.22a zu entnehmen ist, bilden sich auf der Scheibe größere Tropfen und Rinnsale, die nur vereinzelt vom A-Säulenwirbel erfasst werden und daher zum Großteil in horizontaler Richtung über die Seitenscheibe getrieben werden. Mit steigender Windgeschwindigkeit werden die Tropfen durch den A-Säulenwirbel erfasst und am oberen Scheibenrand abgeführt, wie in Abbildung 6.22c und Abbildung 6.22d dargelegt.

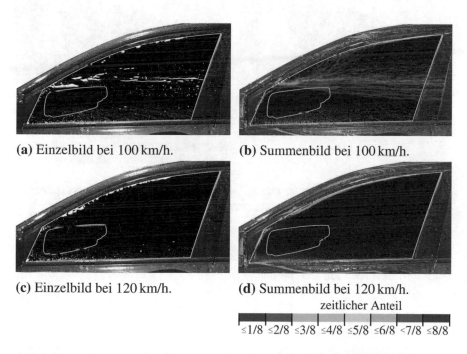

(a) Einzelbild bei 100 km/h.   (b) Summenbild bei 100 km/h.

(c) Einzelbild bei 120 km/h.   (d) Summenbild bei 120 km/h.
zeitlicher Anteil

≤1/8 ≤2/8 ≤3/8 ≤4/8 ≤5/8 ≤6/8 <7/8 ≤8/8

Abbildung 6.22: Primärer Wasserpfad von der Frontscheibe über A-Säule und Dichtung bis auf die Seitenscheibe. Aufgezeichnet mit der Fluoreszenzmethode im UWK.

Wird das über die Dichtungen oder das Spiegeldreieck tretende Wasser nicht durch die Strömung erfasst, fließt es getrieben durch die Gravitation abwärts entlang der Hinterkante des Spiegeldreiecks. Durch den Rücksprung vom Spiegeldreieck auf die Scheibe und die Interaktion mit dem Spiegel finden sich in diesem Bereich komplexe Wirbelstrukturen. Je nach Fahrgeschwindigkeit kann die Wirbelstärke und das daraus resultierende Druckniveau samt Scherkräften ausreichen, um das Abfließen entlang der Hinterkante des Spiegeldreiecks zu stoppen. Es bildet sich eine Wasserblase im Gleichgewicht aus Scher-kräften und Gravitation. Der kontinuierliche Zufluss von oben wird mit dem Abreißen kleiner Tropfen kompensiert, die in der Regel über die Seitenscheibe und durch das Sichtfenster getrieben werden. Abbildung 6.23 ist hierfür ein Beispiel .

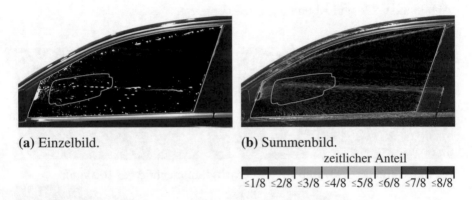

(a) Einzelbild.   (b) Summenbild.

zeitlicher Anteil

≤1/8 | ≤2/8 | ≤3/8 | ≤4/8 | ≤5/8 | ≤6/8 | ≤7/8 | ≤8/8

Abbildung 6.23: Ausbildung einer Wasserblase am Spiegelfuß. Aufgezeich-net mit der Fluoreszenzmethode im UWK.

Abschließend sei erwähnt, dass die beschriebenen Phänomene in den meisten Fällen in Kombination auftreten.

6.3.2 Zeitliche Entwicklung

Die Benetzung der Seitenscheibe ist ein dynamischer Vorgang. Daher sollte die Quantifizierung der Sichtfreihaltung zeitlich aufgelöst erfolgen, wie bereits durch *Spruss et al.* [72] vorgeschlagen und durch *Vollmer et al.* [18] eingeführt. Um die zu verarbeitende Datenmenge zu begrenzen und eine schnelle Aus-wertung im Prüfstand zu ermöglichen, wurde eine Aufnahmerate von 1 Hz gewählt. Auf diesen Daten wird im Folgenden die zeitliche Entwicklung der Benetzung erörtert. Diskussionsgrundlage bildet der charakteristische zeit-liche Verlauf des Benetzungsgrads, der zunächst mit Abbildung 6.24 herge-leitet wird.

In Abbildung 6.24a ist der zeitliche Verlauf des Benetzungsgrads für drei ver-schiedene Fahrzeuge bei gleicher Fahrgeschwindigkeit aufgetragen. Die Ver-läufe sind geprägt durch einen steilen Anstieg in den ersten 30 Sekunden und konvergieren dann jeweils auf ein eigenes Niveau. Um den Verlauf der Kurven untereinander zu vergleichen, wird der Benetzungsgrad in Abbildung 6.24b auf den Mittelwert der jeweiligen Kurve im Intervall von 90 bis 120 Sekunden bezogen. Im letzten Schritt wird aus den einzelnen Kurven (Abbildung 6.24b) ein mittlerer Verlauf berechnet, der in Abbildung 6.24c wiedergegeben ist.

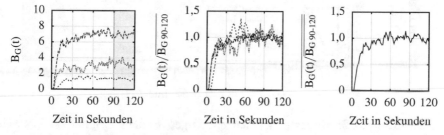

(a) Zeilicher Verlauf des Benetzungsgrads für drei unterschiedliche Fahrzeuge.

(b) Relativer Benetzungsgrad bezogen auf den Mittelwert der jeweiligen Kurve im Intervall von 90 bis 120 Sekunden.

(c) Mittlerer relativer Benetzungsgrad der drei verschiedenen Fahrzeuge.

Abbildung 6.24: Erläuterung zur Darstellung des charakteristischen zeitlichen Verlaufs des Benetzungsgrads am Beispiel von drei verschiedenen Fahrzeugen bei einer Fahrgeschwindigkeit.

Wird dieses Vorgehen auf die zeitliche Entwicklung des Benetzungsgrads für eine Vielzahl von Fahrzeugen angewendet, ergibt sich der charakteristische Verlauf des Benetzungsgrads. In Abbildung 6.25 ist dieser für die vier Standardgeschwindigkeiten dargestellt. Jede Kurve repräsentiert den mittleren, geglätteten Verlauf von über vierzig Fahrzeugen unterschiedlichster Form, Größe und Hersteller.

Der mittlere Verlauf der 60 km/h-Kurve zeigt eine annähernd lineare Zunahme des Benetzungsgrads über die Zeit. Dies steht im Kontrast zu den restlichen Geschwindigkeiten, die sich asymptotisch an die 1 annähern und deren Verlauf sich in eine Initial- und eine quasistationäre Phase einteilen lässt [9, 18]. Die Ursache für die kontinuierliche Zunahme der 60 km/h-Kurve ist die geringe Strömungsgeschwindigkeit auf der Seitenscheibe. Die Scherkräfte sind zu gering und Sprühnebel aber auch kleine Tropfen haften auf der Seitenscheibe.

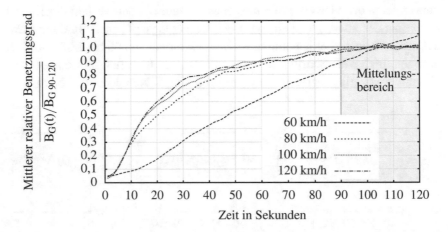

Abbildung 6.25: Mittlerer, auf den jeweiligen Benetzungsgrad im Intervall von 90 bis 120 Sekunden bezogener Benetzungsgrad von über 40 Fahrzeugen für vier Testgeschwindigkeiten.

Über der Zeit kommt es zur Akkumulation und Zusetzung der Seitenscheibe. Mit abnehmendem Abstand zwischen den einzelnen kleinen Tropfen führt die Oberflächenspannung zu einer Vereinigung benachbarter Tropfen. Diese größeren Tropfen beginnen sich zu bewegen und sammeln auf ihrem Weg über die Scheibe kleine Tropfen auf. Dies führt zu den in Abbildung 6.20 sichtbaren freien Spuren im Sprühnebel. Auch bei einer längeren Versuchsdauer ist damit nicht mit einer Sättigung des Benetzungsgrads zu rechnen.

Für robuste Kenngrößen und eine aussagekräftige Erfassung der örtlichen Variation der Benetzung durch die in Abschnitt 5.2.3 beschriebene Darstellung wird ein möglichst großer Zeitbereich in der quasistationären Phase gemittelt. Wie das Diagramm zeigt, ist für Geschwindigkeiten größer 80 km/h ab ca. 90 Sekunden Versuchsdauer ein eingeschwungener Zustand erreicht. Die vollautomatisierte Auswertung analysiert den Kurvenverlauf und prüft über den Gradienten und dessen Änderung, ob eine Konvergenz vorliegt. Ist diese ab der 90. Sekunde gegeben, erfolgt die Mittelung der Kenngrößen und Bilder im Zeitintervall von 90 bis 120 Sekunden. Werden die Konvergenzkriterien nicht erfüllt, wird es dem Versuchsingenieur überlassen ob die Ergebnisse dennoch gemittelt werden sollen oder der Versuch mit einer längeren Aufzeichnungsdauer wiederholt werden muss. Auch wenn die Konvergenzkriterien für den 60 km/h-Versuch in den meisten Fällen nicht erfüllt werden bietet sich eine Mittelung der Bilder im Zeitintervall von 90 bis 120 Sekunden an. Zwar sollte über das Absolutniveau und den Benetzungsgrad keine Aussage getroffen werden, dennoch offenbart die zeitlich gemittelte Darstellungsform die vorliegenden Benetzungsformen.

6.3.3 Einfluss der Oberflächenenergie auf die Sichtfreihaltung

Aus den bereits vorgestellten Grundlagenversuchen ist der signifikante Einfluss der Oberflächenbeschaffenheit auf das Fließverhalten von Rinnsalen bekannt. Um die Auswirkungen dieser Randbedingung auf die Sichtfreihaltung zu untersuchen, wurde die Seitenscheibe eines Serienfahrzeugs mit Reinigungsmitteln und Pflegeprodukten derart präpariert, dass Kontaktwinkel von $\leq 10°$, $\approx 50°$, $\approx 70°$ und $\approx 80°$ erzielt wurden. Im Umweltwindkanal der BMW Group wurden für jeden Kontaktwinkel fünf Versuche zur Sichtfreihaltung unter gleichbleibenden Randbedingungen bei einer Windgeschwindigkeit von 100 km/h durchgeführt. Es wurden jeweils 120 Sekunden mit einer Frequenz von 1 Hz aufgezeichnet und innerhalb der quasistationären Phase die letzten 30 Sekunden gemittelt. Das Summenbild für die jeweils erste der fünf Messungen ist in Abbildung 6.26 dargestellt. Aus den Einzelbildern (siehe Abbildung 6.27) innerhalb des Mittelungsbereichs ist die lokale Filmhöhe zu entnehmen.

Abbildung 6.26a zeigt die für niedrige Kontaktwinkel typische großflächige Benetzung, das Aufreißen der im Vergleich zu Tropfen und Rinnsalen instabileren Filme und die stärkere Beeinflussung der Abflussrichtung durch die Gravitation. Diese großflächige Benetzung über weite Bereiche der Seitenscheibe stellt eine starke Sichtbehinderung dar und ist inakzeptabel. Bei einem Kontaktwinkel von ca. 50° ist die freie Sicht durch die Seitenscheibe und auf den rückwärtigen Verkehr nur noch partiell gestört. Wie Abbildung 6.26b zeigt, bilden sich in diesem Fall primär Rinnsale und Tropfen und die benetzte Fläche nimmt deutlich ab. Mit der Steigerung auf 70° bzw. 80° bilden sich fast ausschließlich Tropfen großer Höhe, die durch die Strömung rasch abgetragen werden. Dies ist ein sehr gutes Ergebnis, da die freie Sicht durch das Sichtfenster jederzeit gewährleistet wird. Hervorragend ist das Ergebnis für die Versuche bei einem Kontaktwinkel von ca. 80°. Hier treibt der A-Säulenwirbel die einzelnen Tropfen aufwärts entlang der Fensterführung, so dass über die ganze Seitenscheibe nahezu keine Sichtbehinderung zu beobachten ist. Die Ergebnisse sind ein visueller Beleg für die Beeinflussbarkeit der Sichtfreihaltung durch die Oberflächenenergie. Ohne geometrische Änderungen am Wasserfangkonzept ist es möglich, inakzeptable oder hervorragende Ergebnisse zu erzielen.

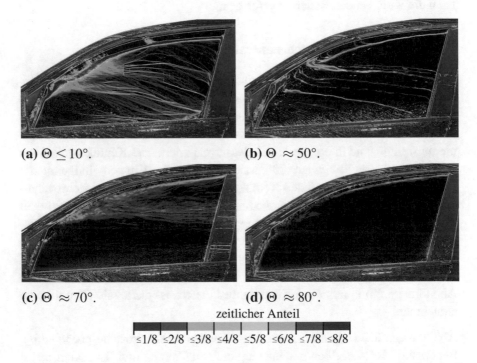

(a) $\Theta \leq 10°$.   **(b)** $\Theta \approx 50°$.

(c) $\Theta \approx 70°$.   **(d)** $\Theta \approx 80°$.

zeitlicher Anteil

≤1/8 ≤2/8 ≤3/8 ≤4/8 ≤5/8 ≤6/8 ≤7/8 ≤8/8

Abbildung 6.26: Einfluss der Oberflächenenergie der Seitenscheibe auf die Sichtfreihaltung bei 100 km/h. Aufgezeichnet mit der Fluoreszenzmethode im UWK.

Diese Erkenntnis lässt sich auch aus dem Diagramm in Abbildung 6.28 entnehmen. Es zeigt den Benetzungsgrad der Seitenscheibe für die untersuchten Kontaktwinkel. Abgebildet ist der mittlere Benetzungsgrad mit Standardabweichung über die jeweils fünf Messungen eines Kontaktwinkels. Mit steigendem Kontaktwinkel sinkt der Benetzungsgrad und die Reproduzierbarkeit der Versuche steigt. Entscheidend ist, dass auch im typischen Kontaktwinkelbereich (vgl. Abschnitt 6.1.1) eine nicht zu vernachlässigende Abhängigkeit des Benetzungsgrads von der Oberflächenenergie gegeben ist.

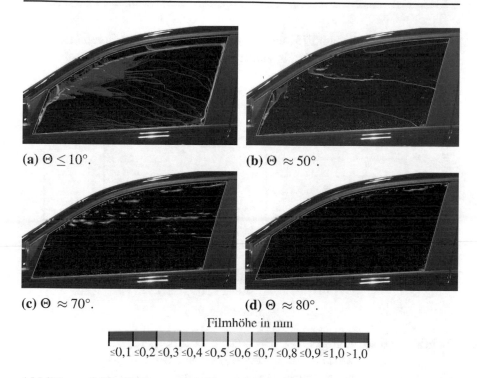

(a) $\Theta \leq 10°$.

(b) $\Theta \approx 50°$.

(c) $\Theta \approx 70°$.

(d) $\Theta \approx 80°$.

Filmhöhe in mm

≤0,1 ≤0,2 ≤0,3 ≤0,4 ≤0,5 ≤0,6 ≤0,7 ≤0,8 ≤0,9 ≤1,0 >1,0

Abbildung 6.27: Einfluss der Oberflächenenergie der Seitenscheibe auf die Sichtfreihaltung bei 100 km/h nach 100 Sekunden. Aufgezeichnet mit der Fluoreszenzmethode im UWK.

Für die Versuchsdurchführung und Bewertung der Resultate folgt aus diesen Ergebnissen, dass die Kenntnis der Oberflächenenergie bzw. des resultierenden Kontaktwinkels unerlässlich ist. Im Hinblick auf die Vergleichbarkeit zwischen verschiedenen Fahrzeugen, Versuchstagen oder schlicht einzelnen Messungen muss die Oberflächenenergie möglichst konstant gehalten werden. Da diese Randbedingung durch das Aufbringen von Reinigungs- und Pflegeprodukten manipuliert wird, ist ein einfaches Einstellen der gewünschten Oberflächenenergie nicht möglich. Versuche mit verschiedenen Produkten haben gezeigt, dass es zwei Möglichkeiten zur prozesssicheren Konditionierung der Seitenscheibe während der Prüfstandsversuche gibt. Durch die abrasive Reinigung der Seitenscheibe mit Scheibenpolitur kann ein Kontaktwinkel von $\leq 10°$ erreicht werden. Der Vorteil dieses Ansatzes ist, dass der Kontaktwinkel erhalten bleibt solange die Scheibe nur mit Wasser beaufschlagt wird. Jedoch liegt der Kontaktwinkel nicht im kundenrelevanten Kontaktwinkel-

bereich zwischen 35° und 75° und die Beeinflussbarkeit der Ergebnisse durch
die aerodynamische Modifikationen ist gering (vgl. Abschnitt 6.1.1).

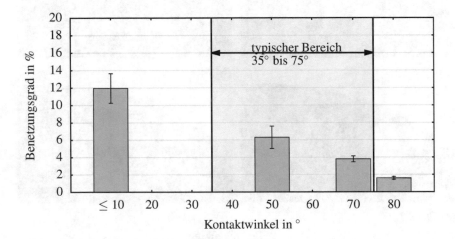

Abbildung 6.28: Einfluss der Oberflächenenergie, ausgedrückt über den
Kontaktwinkel von Wasser auf der Seitenscheibe, auf den
Benetzungsgrad eines Fahrzeuges bei 100 km/h.

6.3.4 Vergleich der Fluoreszenzmethode mit der Methode der opaken Schicht

Bevor die Methode der opaken Schicht für den Vergleich der Straßenfahrt
zum Prüfstandsversuch betrachtet wird, sollen zunächst die beiden Detektionsmethoden gegenübergestellt werden. Da die beiden Methoden nicht parallel
angewendet werden können, wurden die Daten für den folgenden Vergleich
aus zwei Versuchsreihen entnommen. Die zu erwartende Übereinstimmung
liegt im Bereich der allgemeinen Reproduzierbarkeit.

Die Abbildungen 6.29 a-c repräsentieren das Ergebnis der Sichtfreihaltung
nach der Fluoreszenzmethode im UWK. Die Abbildungen 6.29 d-f zeigen
unter gleichen Randbedingungen die Ergebnisse der Methode der opaken
Schicht. Zum einfacheren Vergleich wurde das von innen aufgezeichnete
Benetzungsbild durch eine perspektivische Projektion auf eine Außenauf-
nahme aufgetragen.

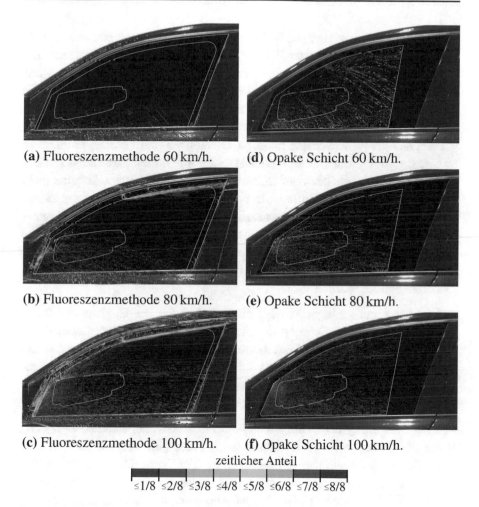

(a) Fluoreszenzmethode 60 km/h.   (d) Opake Schicht 60 km/h.

(b) Fluoreszenzmethode 80 km/h.   (e) Opake Schicht 80 km/h.

(c) Fluoreszenzmethode 100 km/h.   (f) Opake Schicht 100 km/h.

zeitlicher Anteil

≤1/8 ≤2/8 ≤3/8 ≤4/8 ≤5/8 ≤6/8 ≤7/8 ≤8/8

Abbildung 6.29: Gegenüberstellung der Summenbilder, aufgezeichnet im UWK unter Verwendung der Fluoreszenzmethode und der Methode der opaken Schicht.

Der augenscheinlichste Unterschied und Nachteil der Methode der opaken Schicht ist, dass durch die Aufzeichnung von innen zum einen der sichtbare Bereich der Seitenscheibe geringer ist und zum anderen die für die Analyse der Wirkketten wichtigen Wasserpfade auf der A-Säule und den Dichtungen nicht sichtbar sind.

Eine weitere Schwierigkeit ist die Startbedingung der Einzelversuche. Bei der Fluoreszenzmethode wird der Bereich Seitenscheibe vor jedem Versuch mit Wasser abgesprüht und von fluoreszierender Flüssigkeit befreit. Auch wenn die Scheibe zum Versuchsbeginn stark benetzt ist, wird das reine Wasser durch die fehlende Helligkeit nicht erkannt und die Startbedingung ist eine schwarze Scheibe. Da die Methode der opaken Oberfläche reines Wasser erkennt, müsste der Bereich der Seitenscheibe inklusive Dichtungen und Fensterführung zum Versuchsbeginn getrocknet werden. Dies wäre im Hinblick auf die Vergleichbarkeit des Fließverhaltens auf trockener und vorab benetzter Scheibe nicht korrekt. Zudem ist für den angestrebten Fahrversuch die Trocknung dieses Bereichs während der Fahrt nicht möglich. Als Kompromiss wurde die Seitenscheibe im UWK und später auch im Straßenversuch durch eine kurzzeitige Fahrt bei erhöhter Geschwindigkeit von Sprühnebel und großen Tropfen befreit. Die Sprühdüsen blieben dabei aktiv, so dass die Frontscheibe und A-Säule weiterhin benetzt wurden.

Insbesondere bei geringer Windgeschwindigkeit ist der Einfluss der Startbedingung erkennbar. So zeigt die Fluoreszenzmethode in Abbildung 6.29a eine nahezu unbenetzte Seitenscheibe wohingegen in Abbildung 6.29d die Spuren großer, von Beginn an auf der Scheibe befindlicher Tropfen zu erkennen sind. Die Methode der opaken Schicht demonstriert hier aber auch ihre Stärke bei der Detektion von kleinsten Tropfen und Sprühnebel.

Mit der Steigerung der Windgeschwindigkeit nimmt der Einfluss der Startbedingung ab und bereits bei 80 km/h ist eine sehr gute Vergleichbarkeit zwischen den beiden Methoden gegeben. Die aus der Wasserblase am Spiegelfuß resultierenden, durch das Sichtfenster getriebenen Wassertropfen werden durch beide Methoden erfasst. Das in Abbildung 6.29b entlang der oberen Scheibendichtung verlaufende Rinnsal kann von der im Fahrzeuginneren befindlichen Kamera in Abbildung 6.29e nicht mehr erfasst werden, wurde aber im Versuch von außen beobachtet. Neben dem Vergleich der Detektionsmethoden zeigt diese Gegenüberstellung auch die Gültigkeit der Fluoreszenzmethode. Die Charakteristiken der Sichtfreihaltung sind für reines und fluoreszierendes Wasser sehr gut vergleichbar. Dies bestätigt auch die Schlussfolgerung aus den Grundlagenversuchen, dass die geringe Beimischung fluoreszierender Substanzen keine sichtbare Beeinflussung auf die Sichtfreihaltung hat. Die Geschwindigkeiten 100 km/h und 120 km/h zeigen bei beiden Methoden ein sehr ähnliches Ergebnis, so dass auf die Darstellung des 120 km/h-Falls verzichtet wurde.

In Abbildung 6.30 ist der mit beiden Methoden ermittelte Benetzungsgrad des Sichtfensters gegenübergestellt. Bei 60 km/h zeigt sich ein großer Unterschied zwischen den Methoden. Dieser begründet sich über die Startbedingung und der besseren Detektion von Sprühnebel, der vorwiegend bei niedrigen Geschwindigkeiten eine Rolle spielt. Mit der Steigerung der Windgeschwindigkeit verliert die Startbedingung an Bedeutung und die Differenz zwischen den beiden Methoden nimmt ab. Bei 100 km/h und 120 km/h ist wie auch in den Summenbildern eine quantitative Vergleichbarkeit gegeben.

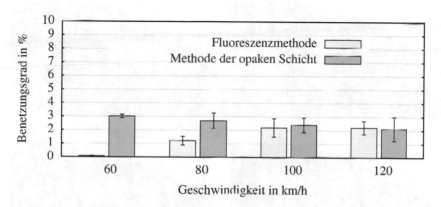

Abbildung 6.30: Gegenüberstellung des Benetzungsgrads des Sichtfensters, ermittelt im UWK unter Anwendung der Fluoreszenzmethode und der Methode der opaken Schicht.

6.4 Fahrversuch

Die Fahrversuche wurden auf dem BMW Testgelände in Aschheim unter Anwendung der Methode der opaken Schicht durchgeführt. Zur Berücksichtigung der wechselnden Wetterbedingungen wurden an 9 Tagen über 200 Einzelversuche aufgezeichnet. Dieses zeitintensive Vorgehen ist für die angestrebte Validierung notwendig und vertretbar. Dies gilt jedoch nicht für Windkanaltests im Rahmen des Fahrzeugentwicklungsprozesses.

Um das bereits im vorangegangenen Kapitel diskutierte Problem der Startbedingung einer zu Beginn benetzten Seitenscheibe zu reduzieren, wurde die

Seitenscheibe vergleichbar zum UWK vor jeder Messung bei hoher Geschwindigkeit freigeblasen.

Die Abbildungen 6.31 a-d zeigen basierend auf der Methode der opaken Schicht den Vergleich zwischen Prüfstand und Fahrversuch bei verschiedenen Regenintensitäten für eine Fahrgeschwindigkeit von 60 km/h. Zwar zeigte diese Geschwindigkeit im Methodenvergleich die größten Abweichungen, dennoch repräsentiert diese Geschwindigkeit die kundenrelevante Stadtfahrt.

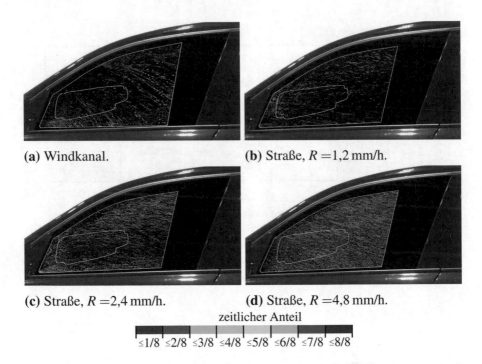

(a) Windkanal.　　　　　　　　　　(b) Straße, $R = 1{,}2$ mm/h.

(c) Straße, $R = 2{,}4$ mm/h.　　　　　　(d) Straße, $R = 4{,}8$ mm/h.

zeitlicher Anteil

≤1/8　≤2/8　≤3/8　≤4/8　≤5/8　≤6/8　≤7/8　≤8/8

Abbildung 6.31: Vergleich zwischen Prüfstand und Straße bei einer Fahrgeschwindigkeit von 60 km/h und variabler Regenintensität R. Erfasst mit der Methode der opaken Schicht.

Gerade bei geringen Fahrgeschwindigkeiten zeigt sich ein elementarer Unterschied zwischen dem Prüfstand und der Straßenfahrt. Wie bereits gezeigt, ist das Tropfenspektrum im Prüfstand deutlich kleiner und die Tropfen werden frontal in die Strömung eingebracht. Bis zum Erreichen des Fahrzeugs zerplatzen die Tropfen weiter durch die hohe Relativgeschwindigkeit zur lokalen Strömungsgeschwindigkeit. Diese kleinen Tropfen prallen entweder frontal auf Frontscheibe, A-Säule oder Spiegel oder werden mit der Strömung um das Fahrzeug getragen. Die Benetzung der Seitenscheibe resultiert daher im Prüfstand im Wesentlichen aus dem Übertritt über die A-Säule und dem vom Spiegel auf die Scheibe gelenkten Sprühnebel oder davon ablösenden Tropfen.

Während der Regenfahrt führen die deutlich größeren Regentropfen, die weit weniger durch die Aerodynamik beeinflusst werden, zu einer direkten Benetzung der Seitenscheibe. Die Trajektorien dieser großen Tropfen lassen sich durch das Fahrzeugdesign nicht beeinflussen und führen während der Regenfahrt unvermeidbar zu einer Benetzung der Seitenscheibe. Diese direkte Benetzung überlagert die aus dem Prüfstand bekannten Phänomene und erschwert den Vergleich zwischen Straßenfahrt und Prüfstandsergebnissen.

Die auf der Scheibe auftreffenden Regentropfen zerplatzen und bilden eine Spur aus kleineren Tropfen, deren Einfallswinkel mit zunehmender Fahrgeschwindigkeit flacher wird. Bei der geringen Fahrgeschwindigkeit von 60 km/h reichen die aerodynamischen Kräfte nicht aus, um die kleinen Tropfen zu bewegen. Daher haften die Tropfen auf der Scheibe. Über die Zeit kommt es zu einer sukzessiven Zusetzung der Seitenscheibe, wobei die zunehmende Regenintensität diesen Vorgang beschleunigt. Dieses statische Verhalten der Tropfen wird durch die vielen roten Punkte dauerhafter Detektion in Abbildung 6.31d deutlich. Unabhängig von der direkten Benetzung belegen die Bilder, dass das Wassermanagementkonzept der A-Säule auch bei starkem Regen den direkten Übertritt über die A-Säule verhindert. Da beide Versuchsumgebungen keinen Übertritt über die A-Säule, keine signifikante Bildung von Sprühnebel und auch keine Wasserblase am Spiegelfuß offenbaren, ist abgesehen von der direkten Benetzung eine gute Vergleichbarkeit gegeben. Das Wassermanagementkonzept würde in beiden Versuchsumgebungen als gut bewertet.

Mit der Zunahme der Fahrgeschwindigkeit auf 80 km/h verbessert sich die Korrelation zwischen beiden Versuchsumgebungen, da die Überlagerung der direkten Benetzung abnimmt. Wie aus Abbildung 6.32 zu entnehmen ist, liegt dies auch daran, dass sich die Zone der direkten Benetzung im Wesentlichen auf den Bereich oberhalb des Sichtfensters beschränkt. Das aus dem Prüfstand bekannte Phänomen der Wasserblase am Spiegelfuß mit dem Resultat von durch das Sichtfenster wandernden Tropfen zeigt sich auch während der Regenfahrt und nimmt in seiner Ausprägung mit der Regenintensität zu. Daneben können keine weiteren, aus dem Prüfstand unbekannten Phänomene

festgestellt werden. Damit ist im Prüfstand eine gute Absicherung der Sichtfreihaltung gegeben.

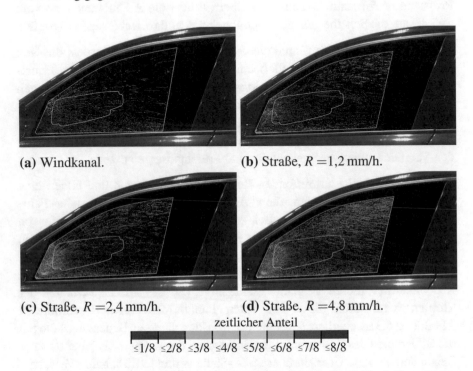

(a) Windkanal.   **(b)** Straße, $R = 1,2$ mm/h.

(c) Straße, $R = 2,4$ mm/h.   **(d)** Straße, $R = 4,8$ mm/h.

zeitlicher Anteil

≤1/8 ≤2/8 ≤3/8 ≤4/8 ≤5/8 ≤6/8 ≤7/8 ≤8/8

Abbildung 6.32: Vergleich zwischen Prüfstand und Straße bei einer Fahrgeschwindigkeit von 80 km/h und variabler Regenintensität
R. Erfasst mit der Methode der opaken Schicht.

Auch bei 100 km/h ist die Wasserblase und ihr Resultat auf der Seitenscheibe
zu beobachten (siehe Abbildung 6.33). Die Bewertung der Korrelation zwischen den beiden Versuchsumgebungen entspricht der des 80 km/h-Falls.
Neben der Wasserblase sind auch hier außer den direkten Treffern vorwiegend
oberhalb des Sichtfensters keine zusätzlichen Phänomene zu beobachten.

Der erfolgreiche Einsatz der Methode der opaken Schicht belegt, dass mit ihr
eine Alternative zur Fluoreszenzmethode gegeben ist. Die Unabhängigkeit von
Additiven eröffnet neue vielfältige Anwendungsszenarien in unterschiedlichs-
ten Umgebungen. So könnte damit beispielsweise die Eigenverschmutzung
der Heckscheiben im Straßenversuch untersucht und mit den auf der Rolle
im Prüfstand ermittelten Ergebnissen abgeglichen werden.

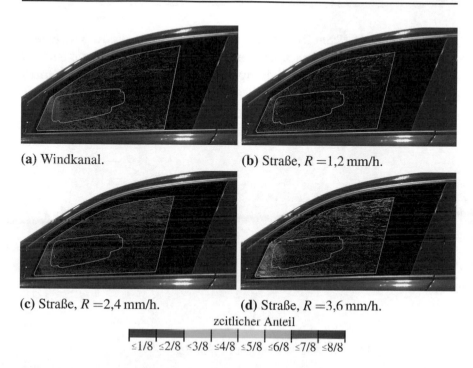

(a) Windkanal.

(b) Straße, $R = 1{,}2$ mm/h.

(c) Straße, $R = 2{,}4$ mm/h.

(d) Straße, $R = 3{,}6$ mm/h.

zeitlicher Anteil

| ≤1/8 | ≤2/8 | <3/8 | ≤4/8 | ≤5/8 | ≤6/8 | ≤7/8 | ≤8/8 |

Abbildung 6.33: Vergleich zwischen Prüfstand und Straße bei einer Fahr-geschwindigkeit von 100 km/h und variabler Regenintensität R. Erfasst mit der Methode der opaken Schicht.

Unabhängig von der Methode offenbaren die Ergebnisse des Fahrversuchs die Schwierigkeiten bei der Untersuchung der Sichtfreihaltung im Straßenversuch. Dies liegt zum einen an den nicht beeinflussbaren und nur bedingt zu erfassenden Randbedingungen. Zum anderen erschwert die direkte Benetzung die Isolierung von Phänomenen, die aus dem Prüfstand bekannt sind und bei gestalterischer Freiheit durch die Formgebung und Strömungsoptimierung beeinflussbar sind. Abgesehen von der direkten Benetzung waren die aus dem Windkanal bekannten Phänomene auch während der Regenfahrt bei unterschiedlichen Geschwindigkeiten und Regenintensitäten präsent. Für das Versuchsfahrzeug ist die Untersuchung der Sichtfreihaltung im Prüfstand, auch unter den im Abschnitt 6.2 diskutierten Einflussfaktoren, ein geeigneter Ansatz. Aufgrund der konsistenten und reproduzierbaren Ergebnisse wird davon ausgegangen, dass diese Schlussfolgerung auch für andere Fahrzeuge gültig ist.

Das Fehlen der direkten Benetzung im Prüfstand sollte positiv interpretiert werden, da davon auszugehen ist, dass die direkte Benetzung während der Straßenfahrt unvermeidbar ist und lediglich beeinflussbare Phänomene überlagert.

7 Schlussfolgerungen

Die Gewährleistung der freien Sicht durch die Seitenscheiben während der Regenfahrt ist ein Thema der aktiven Sicherheit und des Komforts und damit ein kundenrelevantes Entwicklungsziel. Da die in dieser Arbeit entwickelten Methoden zur Quantifizierung der Sichtfreihaltung die zunächst schlechte Reproduzierbarkeit der Versuchsergebnisse offenbarte, wurden mögliche Einflussfaktoren untersucht.

Während die Oberflächenspannung von Wasser als konstante Größe angesehen werden kann, ist die freie Oberflächenenergie der Fahrzeugaußenhaut und insbesondere die der Scheiben eine variable Größe, die maßgeblich vom Reinigungszustand und vom Reinigungsmittel abhängt. Der signifikante Einfluss der freien Oberflächenenergie auf das Fließverhalten von schubspannungsgetriebenen Fluiden wurde zunächst in einem Grundlagenversuch aufgezeigt. Dabei wurde über eine Nadel ein konstanter Wassermassenstrom auf eine im Wind stehende geneigte Platte aufgebracht. Bei einer hohen Oberflächenenergie der Platte bildete sich ein filmähnliches Rinnsal. Bei Absenkung der Oberflächenenergie bildeten sich zunächst Rinnsale und dann einzelne Tropfen. Mit der Gestaltänderung des Fluids änderte sich auch die Beeinflussbarkeit des Fluids durch die Scherkräfte. So zeigten die Versuche auf der geneigten Ebene einen durch die Gravitation dominierten steilen Abflusswinkel für filmähnliche Rinnsale und ein annähernd horizontales durch die Scherkräfte dominiertes Abfließen der Tropfen. Die Versuche am Fahrzeug zeigen, wie entscheidend der Parameter der freien Oberflächenenergie für die Sichtfreihaltung ist. Ohne eine geometrische Modifikation war es alleine über die Oberflächenenergie möglich, ein inakzeptables als auch ein hervorragendes Ergebnis darzustellen. Für die Bewertung der Sichtfreihaltung ist daher die Kenntnis der Benetzbarkeit einer Oberfläche entscheidend. Für reproduzierbare Ergebnisse muss die Oberflächenenergie durch Kontaktwinkelmessungen kontrolliert und eingestellt werden.

Die Literaturrecherche zur numerischen Simulation der Mehrphasenströmung zur Untersuchung der Sichtfreihaltung am Gesamtfahrzeug zeigte, dass der Thematik der Benetzung bisher zu wenig Beachtung geschenkt wurde. Ohne die Berücksichtigung der Grenzflächenspannungen und der damit verbundenen Effekte wie Kapillarität, Ablösen von Ligamenten oder Anhaften von

© Springer Fachmedien Wiesbaden GmbH, ein Teil von Springer Nature 2018
H. Vollmer, *Neue Methoden zur Analyse der Benetzung von Pkw-Seitenscheiben*,
Wissenschaftliche Reihe Fahrzeugtechnik Universität Stuttgart,
https://doi.org/10.1007/978-3-658-22488-2_7

Tropfen auf der geneigten Seitenscheibe, ist keine realitätsnahe Simulation zu erwarten. Da die Filmmodelle keine freie Oberfläche darstellen, verlieren diese Modelle an Rinnen, Fugen oder sonstigen Barrieren ihre Gültigkeit. Damit ist eine verlässliche und robuste Untersuchung der Sichtfreihaltung, wie sie in der frühen Phase der Fahrzeugentwicklung notwendig ist, nicht möglich. Aus physikalischer Sicht bietet die Simulation der freien Oberfläche eine vielversprechende Alternative. Jedoch muss die Fluidphase entweder durch das Rechengitter (z. B. Volume-of-Fluid) oder durch einzelne Partikel (z. B. Smoothed-Particle Hydrodynamics oder Finite Pointset Method) aufgelöst werden. Da die Fluidstrukturen sehr klein sind (typische Höhe eines Rinnsals ≤ 1 mm), ist eine entsprechend feine räumliche und zeitliche Auflösung notwendig. Eine Anwendung am Gesamtfahrzeug ist damit zum Zeitpunkt der Arbeit nicht wirtschaftlich.

Für die experimentelle Untersuchung der Sichtfreihaltung wurden Auswertemethoden entwickelt, die der Dynamik des Benetzungsvorgangs Rechnung tragen. Es wurde gezeigt, dass sich für Geschwindigkeiten ab 80 km/h im Anschluss an eine Initialphase ein quasistationäres Verhalten einstellt. Durch die neue Darstellungsform, der Häufigkeit der lokalen Benetzung, ist ein Werkzeug gegeben, das die Information einer Bildfolge innerhalb der quasistationären Phase in ein Einzelbild komprimiert und damit die Charakteristik eines Benetzungsvorgangs visualisiert. Diese Darstellungsform hat sich als zielführendes Werkzeug in der Entwicklung und Bewertung herausgestellt. Die automatisierte Generierung der Sichtfenster auf Grundlage der virtuellen Menschmodelle ist ein objektives und standardisiertes Vorgehen, das die Berücksichtigung der verschiedensten Fahrzeugführer gewährleistet.

Durch die Integration der in dieser Arbeit entstandenen Methoden in ein eigens entwickeltes Software-Paket zur Bildauswertung, Versuchsverwaltung und Dokumentation ist ein standardisierter und ganzheitlicher Prozess entstanden. Die Fokussierung auf eine benutzerfreundliche Bedienung ist die Grundlage für die erfolgreiche Anwendung in der Serienentwicklung. Zukünftig können diese Werkzeuge auf weitere Themenfelder wie Motorradverschmutzung oder Aspekte der Scheibenwischerauslegung übertragen werden.

Die Analyse des natürlichen Regens und die Gegenüberstellung mit dem im Prüfstand durch Sprühdüsen erzeugten Tropfenspektrum offenbart die Grenzen bei der Abbildung der Regenfahrt im Windkanal. Die Einbringung des Fluids in die Luftströmung resultiert in deutlich kleineren Tropfen, als sie der natürliche Regen aufweist. Dies begründet sich zum einen durch die Zerstäubung in den Sprühdüsen und zum anderen durch den Tropfenzerfall, ausgelöst durch hohe Relativgeschwindigkeiten zwischen Tropfen und Strömung.

Mit der Methode der opaken Schicht wurde ein neues Verfahren entwickelt, das erstmals die quantitative Untersuchung der Sichtfreihaltung außerhalb des Prüfstands ermöglicht. Der darauf aufbauende Vergleich zwischen Prüfstand und Regenfahrt zeigt zweierlei. Auf der Straße führen große von der Fahrzeugumströmung nur geringfügig beeinflussbare Regentropfen zu einer direkten Benetzung der Seitenscheibe, was so im Prüfstand weder bekannt noch darstellbar ist. Dieses Phänomen, das mit der Niederschlagsrate in seiner Intensität zunimmt und insbesondere bei geringen Fahrgeschwindigkeiten dominant in Erscheinung tritt, erschwert den Vergleich zwischen den beiden Prüfumgebungen. Jedoch zeigte sich im Straßenversuch außer dem bereits aus dem Prüfstand bekannten Phänomen der Wasserblase kein weiteres Phänomen. Da die direkte Benetzung der Seitenscheiben durch Regentropfen im Prüfstand nicht darstellbar ist, liegt dort der Fokus auf den beeinflussbaren Phänomenen. Gelingt es im Prüfstand diese unerwünschten Phänomene zu unterbinden, ist dies auch für die kundenrelevante Straßenfahrt zu erwarten. Diese Ergebnisse bestätigen den Prüfstand als geeignetes Werkzeug zur Untersuchung und Entwicklung der Sichtfreihaltung im Fahrzeugentwicklungsprozess.

8 Literaturverzeichnis

[1] Götz, H.: The Influence of Wind Tunnel Tests on Body Design, Ventilation, and Surface Deposits of Sedans and Sport Cars. SAE Technical Paper 710212. Detroit, 1971

[2] Potthoff, J.: Untersuchung der Verschmutzung von Kraftfahrzeugen im Windkanal. VDI-Jahrestagung "Fahrzeugtechnik". Düsseldorf, 1974

[3] Kuthada, T.; Cyr, S.: Approaches to Vehicle Soiling. In: Wiedemann, J.; Hucho, W. H. (Hrsg.): Progress in Vehicle Aerodynamics IV, Numerical Methods. Renningen: Expert-Verlag, 2006, ISBN 978–3–8169–2623–8, S. 111–123

[4] Hagemeier, T.; Hartmann, M.; Thévenin, D.: Practice of vehicle soiling investigations: A review. In: International Journal of Multiphase Flow 37, 2011, S. 860–875

[5] Hagemeier, T.: Experimental and numerical investigation of vehicle soiling processes. Magdeburg, Otto-von-Guericke-Universität, Dissertation, 2012

[6] Zygan, A.; Renz, U.; Bohn, M.; Schmid, H.; J.Urban: Adaptives Wischersystem. In: Ernstberger, U.; Weissinger, J.; Frank, J. (Hrsg.): Mercedes-Benz SL: Entwicklung und Technik. Wiesbaden: Springer Vieweg Verlag, 2013, ISBN 978–3–658–00800–0, S. 100–105

[7] Bouchet, J.-P.; Delpech, P.; Palier, P.: Wind Tunnel Simulation of Road Vehicle in Driving Rain of Variable Intensity. 5th MIRA International Vehicle Aerodynamics Conference. Warwick, 2004

[8] Widdecke, N.; Kuthada, T.; Wiedemann, J.: Moderne Verfahrensweisen zur Untersuchung der Fahrzeugverschmutzung. Tagung Aerodynamik des Kraftfahrzeugs, Haus der Technik. München, 2001

[9] Kuthada, T.: Vehicle Soiling: An Experimental and Theoretical Approach. Road Vehicle Aerodynamics Course, Von Karman Institute. Brüssel, 2005

© Springer Fachmedien Wiesbaden GmbH, ein Teil von Springer Nature 2018
H. Vollmer, *Neue Methoden zur Analyse der Benetzung von Pkw-Seitenscheiben*,
Wissenschaftliche Reihe Fahrzeugtechnik Universität Stuttgart,
https://doi.org/10.1007/978-3-658-22488-2

[10] Freymann, R.; Kerschbaum, H.:   Aerodynamikentwicklung am Beispiel der neuen 5er-Baureihe von BMW.   In: Sonderdruck: ATZ Automobiltechnische Zeitschrift 98, 1996

[11] Schwarz, V.; Jehle-Graf, E.:   Aerodynamikentwicklung der neuen A-Klasse.   In: Bargende, M.; Reuss, H.-C.; Wiedemann, J. (Hrsg.): 6. Internationales Stuttgarter Symposium. Renningen: Expert-Verlag, 2005, ISBN 3–8169–2486–7, S. 505–519

[12] Schütz, T.; Hühnergarth, J.: Aerodynamik und Aeroakustik. In: Rudolph, H.-J. (Hrsg.): Audi Q3 - Entwicklung und Technik. Wiesbaden: Springer Vieweg Verlag, 2013, ISBN 978–3–658–00853–6, S. 94–107

[13] Wagner, A.; Lindener, N.: Die Aerodynamik des neuen Audi Q5. In: Schol, O. (Hrsg.): Audi Q5 - Entwicklung und Technik. Wiesbaden: Springer Vieweg Verlag, 2008, ISBN 978–3–8348–0604–8, S. 181–187

[14] Lemke, T.; Wiegand, T.: The Aerodynamic of the New Carrera 911. In: Wiedemann, J. (Hrsg.): Progress in Vehicle Aerodynamics and Thermal Management: Proceedings of the 8th FKFS Conference. Renningen: Expert-Verlag, 2011, ISBN 978–3–8169–3116–4

[15] Kopp, S.: The Aerodynamic Development of a Commercial Vehicle. In: 7. Internationales Stuttgarter Symposium, Vieweg, 2007, S. 295–311

[16] Kopp, S.: The Aerodynamic Development of the New MAN Trucks TGX & TGS. FISITA World Automotive Congress. München, 2008

[17] Sylvain, A.; Bouchet, J.-P.:   Quantitative Assessment by UV Fluorescence of Rain Water Flow on Vehicle Body in the Jules Verne Climatic Wind Tunnel.   In: Wiedemann, J. (Hrsg.): Progress in Vehicle Aerodynamics and Thermal Management: Proceedings of the 7th FKFS Conference.   Renningen: Expert-Verlag, 2009, ISBN 978–3–8169–2944–4, S. 127–142

[18] Vollmer, H.; Gau, H.; Winkelmann, H.; Kuthada, T.; Wiedemann, J.: Methode zur Bewertung der Sichtfreihaltung bei Regen. Tagung Fahrzeug-Aerodynamik, Haus der Technik. München, 2014

[19] Höfer, P.; Mößner, A.:   Schmutzfreihaltung.   In: Schütz, T. (Hrsg.): Hucho - Aerodynamik des Automobils: 6. Auflage. Wiesbaden: Springer Vieweg, 2013, ISBN 978–3–8348–2316–8, S. 464–484

[20] Scheibenversiegelungen im Test - Ab in die Tonne. In: Autobild 50, 2003

[21] Hamm, L.; Krautkrämer, B.; Malik, R.; Peitz, V.; Plank, R.; Solfrank, P.: Nanotechnologie (im Automobilbau). In: Braess, H.-H.; Seiffert, U. (Hrsg.): Vieweg Handbuch Kraftfahrzeugtechnik: 7. Auflage. Wiesbaden: Springer Vieweg, 2013, ISBN 978-3-658-01691-3, S. 1105

[22] Landwehr, T.; Kuthada, T.; Widdecke, N.; Wiedemann, J.: Investigation of visibility properties through wetted glass planes on vehicles. In: Bargende, M.; Reuss, H.-C.; Wiedemann, J. (Hrsg.): 16. Internationales Stuttgarter Symposium. Wiesbaden: Springer, 2016, ISBN 978-3-658-13255-2, S. 301–313

[23] Spruss, I.; Kuthada, T.; Wiedemann, J.; Cyr, S.; Duncan, B.: Spray Pattern of a Free Rotating Wheel - CFD Simulation and Validation. In: Wiedemann, J. (Hrsg.): Progress in Vehicle Aerodynamics and Thermal Management: Proceedings of the 8th FKFS Conference. Renningen: Expert-Verlag, 2011, ISBN 978-3-8169-3116-4, S. 64–80

[24] Zivkov, V.: Experimentelle und numerische Untersuchungen der aerodynamischen Kraftfahrzeugeigenverschmutzung. Karlsruhe, Universität, Dissertation, 2004

[25] Gaylard, A. P.; Duncan, B.: Simulation of Rear Glass and Body Side Vehicle Soiling by Road Sprays. In: SAE Int. J. Passeng. Cars - Mech. Syst. 4(1), 2011

[26] Foucart, H.; Blain, E.: Water-flow Simulation on Vehicle Panels by Taking into Account the Calculated Aerodynamic Field. SAE Technical Paper 2005-01-3572. Chicago, 2005

[27] Borg, A.; Vevang, R.: On the Prediction of Exterior Contamination with Numerical Simulations (Simple Lagrangian Particle Tracking methods with and without Wall Film Model). 6th MIRA International Vehicle Aerodynamics Conference. Gaydon, 2006

[28] Gaylard, A. P.; Fagg, M.; Bannister, M.; Duncan, B.; Gargoloff, J. I.; Jilesen, J.: Modelling A-Pillar Water Overflow: Developing CFD and Experimental Methods. In: SAE Int. J. Passeng. Cars - Mech. Syst. 5(2), 2012

[29] Jilesen, J.; Gaylard, A. P.; Spruss, I.; Kuthada, T.; Wiedemann, J.: Advances in Modelling A-Pillar Water Overflow. SAE Technical Paper 2015-01-15449, 2015

[30] Spruss, I.:   Ein Beitrag zur Untersuchung der Kraftfahzeug-verschmutzung in Experiment und Simulation. Stuttgart, Universität, Dissertation, 2015

[31] O'Rourke, P. J.; Amsden, A. A.: A Particle Numerical Model for Wall Film Dynamics in Port-Injected Engines. SAE Technical Paper 961961, 1996

[32] Campos, F.; Mendonça, F.; West, S.; Islam, M.:   Vehicle Soiling Simulations. 6th MIRA International Vehicle Aerodynamics Conference. Gaydon, 2006

[33] Hirt, C. W.; Nichols, B. D.:   Volume of fluid (VOF) method for the dynamics of free boundaries. In: Journal of Computational Physics 39, 1979, S. 201–225

[34] Ferziger, J. H.; Perić, M.:   Numerische Strömungsmechanik. Berlin Heidelberg: Springer-Verlag, 2008, ISBN 978–3–540–67586–8

[35] Lucy, L.B.: A numerical approach to the testing of the fission hypothesis. In: Astronomical Journal 82, 1977, S. 1013–1024

[36] Gingold, R. A.; Monaghan, J. J.:   Smoothed particle hydrodynamics - Theory and application to non-spherical stars. In: Monthly Notices of the Royal Astronomical Society 181, 1977, S. 375–389

[37] Wenzel, R. N.: Resistance of Solid Surfaces to Wetting by Water. In: Industrial & Engeneering Chemistry 28(8), 1936, S. 988–994

[38] Berry, M. V.: The molecular mechanism of surface tension. In: Physics Education 6(2), 1971, S. 79–84

[39] Czeslik, C.; Seemann, H.; Winter, R.:   Basiswissen Physikalische Chemie. 4., aktualisierte Auflage. Wiesbaden: Vieweg+Teubner, 2010, ISBN 978–3–8348–0937–7

[40] Marchand, A.; Weijs, J. H.; Snoeijer, J. H.; Andreotti, B.: Why is surface tension a force parallel to the interface? In: American Journal of Physics 79(10), 2011, S. 999–1008

[41] Spruss, I.:   Influence of Surface Condition on Wallfilms. 3rd ECARA CFD Subgroup. Stuttgart, 2010

[42] Kasemann, R.; Brück, S.; Schmidt, H. K.: Schmutzabweisende transparente Beschichtungen auf Basis fluormodifizierter anorganisch-organischer Nanokomposite. In: Kurzreferate / 66. Glastechnische Tagung Fulda. Frankfurt am Main, 1992, S. 29–32

[43] Schneider, H.; Niegisch, N.; Mennig, M.; Schmidt, H. K.: Hydrophilic coating materials. In: Aegerter, M. A.; Mennig, M. (Hrsg.): Sol-Gel Technologies for Glass Producers and Users. New York: Springer Science+Business Media, 2004, ISBN 978-0-387-88953-5, S. 187–194

[44] Guyon, E.; Hulin, J.-P.; Petit, L.: Hydrodynamik. Braunschweig / Wiesbaden: Vieweg, 1997, ISBN 978-3-528-07276-6

[45] Roser, M.: Modellbasierte und positionsgenaue Erkennung von Regentropfen in Bildfolgen zur Verbesserung von videobasierten Fahrerassistenzfunktionen. Karlsruhe, Institut für Technologie, Dissertation, 2012

[46] Dupré, A.; Dupré, P.: Théorie mécanique de la chaleur. Paris: Gauthier-Villars, 1869,

[47] Fowkes, F. M.: Attractive Forces at Interfaces. In: Industrial & Engeneering Chemistry 56(12), 1964, S. 40–52

[48] Owens, D.; Wendt, R.: Estimation of the Surface Free Energy of Polymers. In: Journal of Applied Polymer Science 13(8), 1969, S. 1741–1747

[49] Rabel, W.: Einige Aspekte der Benetzungstheorie und ihre Anwendung auf die Untersuchung und Veränderung der Oberflächeneigenschaften von Polymeren. In: Farbe und Lacke 77(10), 1971, S. 997–1005

[50] Kaelble, D. H.: Dispersion-Polar Surface Tension Properties of Organic Solids. In: The Journal of Adhesion 2(2), 1970, S 66–81

[51] Ström, G.; Frederiksson, M.; Stenius, P.: Contact angles, work of adhesion, and interfacial tensions at a dissolving Hydrocarbon surface. In: Journal of Colloid and Interface Science 119, 1987, Nr. 2, S. 352 – 361

[52] Dussan, E. B. V.: On the Spreading of Liquids on Solid Surfaces: Static and Dynamic Contact Lines. In: Annual Review Fluid Mechanics 11, 1979, S. 371–400

[53] Zielke, P. C.: Experimentelle Untersuchung der Bewegung von Tropfen auf Festkörperoberflächen mit einem Gradienten der Benetzbarkeit. Erlangen-Nürnberg, Universität, Dissertation, 2008

[54] ElSherbini, A. I.; Jacobi, A. M.: Retention forces and contact angles for critical liquid drops on non-horizontal surfaces. In: Journal of Colloid and Interface Science 299(2), 2006, S. 841–849

[55] Peters, T.: Ableitung einer Beziehung zwischen der Radarreflektivität, der Niederschlagsrate und weiteren aus Radardaten abgeleiteten Parametern unter Verwendung von Methoden der multivariaten Statistik. Karlsruhe, Institut für Technologie, Dissertation, 2008

[56] Gunn, R.; Kinzer, G. D.: The Terminal Velocity of Fall for Water Droplets in Stagnant Air. In: Journal of Atmospheric Sciences 6(4), 1949, S. 243–248

[57] Atlas, D.; Srivastava, R. C.; Sekhon, R. S.: Doppler radar characteristics of precipitation at vertical incidence. In: Reviews of Geophysics 11(1), 1973, S. 1–35

[58] Atlas, D.; Ulbrich, C. W.: Path- and Area-Integrated Rainfall Measurement by Microwave Attenuation in the 1-3 cm Band. In: Journal of Applied Meteorology 16, 1977, S. 1322–1331

[59] Liu, J. Y.; Orville, H. D.: Numerical Modeling of Precipitation and Cloud Shadow Effects on Mountain-Induced Cumuli. In: Journal of Atmospheric Sciences 26(6), 1969, S. 1283–1298

[60] Villermaux, E.; Bossa, B.: Single-drop fragmentation determines size distribution of raindrops. In: Nature Physics 5, 2009, S. 697–702

[61] Pilch, M.; Erdman, C. A.: Use of breakup time data and velocity history data to predict the maximum size of stable fragments for acceleration-induced breakup of a liquid drop. In: International Journal of Multiphase Flow 13(6), 1987, S. 741–757

[62] Cerdà, A.: Rainfall drop size distribution in the Western Mediterranean basin, València, Spain. In: Catena 30(2-3), 1997, S. 169–182

[63] Marshall, J. S.; Palmer, W. M.: The Distribution of Raindrops with Size. In: Journal of Meteorology 5(4), 1948, S. 165–166

[64] Waldvogel, A.: The N_0 Jump of Raindrop Spectra. In: Journal of Atmospheric Sciences 31(4), 1974, S. 1067–1078

[65] Ulbrich, C. W.: Natural Variations in the Analytical Form of the Raindrop Size Distribution. In: Journal of Climate and Applied Meteorology 22(10), 1983, S. 1764–1775

[66] Smith, P. L.: Raindrop Size Distributions: Exponential or Gamma - Does the Difference Matter? In: Journal of Applied Meteorology 42(7), 2003, S. 1031–1034

[67] Tokay, A.; Short, D. A.: Evidence from Tropical Raindrop Spectra of the Origin of Rain from Stratiform versus Convective Clouds. In: Journal of Applied Meteorology 35(3), 1996, S. 355–371

[68] Caracciolo, C.; Prodi, F.; Battaglia, A.; Porcu', F.: Analysis of the moments and parameters of a gamma DSD to infer precipitation properties: A convective stratiform discrimination algorithm. In: Atmospheric Research 80(2-3), 2006, S. 165–186

[69] BMW Group: Energie- und umwelttechnisches Versuchszentrum - Umweltwindkanal. Quelle: https://www.press.bmwgroup.com/deutschland/article/detail/T0080599DE/ das-energie-und-umwelttechnische-versuchszentrum-der-bmw-group am 05.04.2016 um 16:30 Uhr

[70] BMW Group: Das Energie- und umwelttechnische Versuchszentrum der BMW Group. Quelle: https://www.press.bmwgroup.com/deutschland/article/detail/T0080599DE/ das-energie-und-umwelttechnische-versuchszentrum-der-bmw-group am 05.04.2016 um 16:32 Uhr

[71] Spruss, I.; Schröck, D.; Kuthada, T.; Wiedemann, J.: Aerodynamics as troubleshooting of wet fading. In: ATZ worldwide 112(10), 2010, S. 22–25

[72] Spruss, I.; Landwehr, T.; Kuthada, T.; Wiedemann, J.: Advanced Investigation Methods on Side Glass Soiling. In: Wiedemann, J. (Hrsg.): Progress in Vehicle Aerodynamics and Thermal Management: Proceedings of the 9th FKFS Conference, 2013, S. 167–181

[73] JAI: BM-500 GE / BB-500 - Technical Data Sheet, 2012

[74] Qioptiq: MeVis-C 1.6/16 - Technical Data Sheet, 2014

[75] Joss, J.; Tognini, E.:   Ein automatisch arbeitender Ombrograph mit grossem Auflösungsvermögen und mit fernübertragung der Messwerte. In: Pure and Applied Geophysics 68(1), 1967, S. 229–239

[76] Meschede, D.: Gerthsen Physik. 24., überarbeitete Auflage. Heidelberg: Springer, 2010, ISBN 978–3–642–12894–3

[77] BASF: Tinopal SFP - Technical Data Sheet, 2010

[78] MIDOPT: MIDOPT BP470 Technical Data Sheet, 2013

[79] Song, L.; Hennink, E. J.; Young, I. T.; Tanke, H. J.:   Photobleaching Kinetics of Fluorescein in Quantitative Fluorescence Microscopy.   In: Biophysical Journal 68(6), 1995, S. 2588–2600

[80] Schutzrecht DE102013216571 A1 (02 2015).

[81] Vollmer, H.; Gau, H.; Klußmann, S.; Kuthada, T.; Wiedemann, J.: Comparison of on-road and wind tunnel testing of side window soiling using a new method. In: Wiedemann, J. (Hrsg.): Progress in Vehicle Aerodynamics and Thermal Management: Proceedings of the 10th FKFS Conference, 2015 ISBN 978–3–8169–3322–9, S. 276–288

[82] Jähne, Bernd: Digitale Bildverarbeitung. 7., neu bearbeitete Auflage. Heidelberg: Springer Vieweg, 2012, ISBN 978–3–642–04951–4

[83] Demant, C.; Streicher-Abel, B.; Springhoff, A.:   Industrielle Bildverarbeitung.   3. Auflage.   Heidelberg: Springer, 2010, ISBN 978–3–642–13097–7

[84] Bredies, K.; Lorenz, D.: Mathematische Bildverarbeitung. 1. Wiesbaden: Vieweg+Teubner, 2011, ISBN 978–3–8348–1037–3

[85] Mattioli, J.:   Minkowski operations and vector spaces.   In: Set-Valued Analysis 3(1), 1995, S. 33–50

[86] Bubb, H.; Bengler, K.; Grünen, R. E.; M.Vollrath: Automobilergonomie. Wiesbaden: Springer Vieweg, 2015, ISBN 978–3–8348–2297–0

[87] Hudelmaier, J.: Sichtanalyse im Pkw. München, Technische Universität, Dissertation, 2003

[88] Schmuki, P.; Laso, M.:   On the stability of rivulet flow.   In: Journal of Fluid Mechanics 215, 1990, S. 125–143

[89] Hartley, D. E.; Murgatroyd, W.: Criteria for the break-up of thin liquid layers flowing isothermally over solid surfaces. In: International Journal of Heat and Mass Transfer 7(9), 1964, S. 1003 – 1015

[90] Hoffmann, A.: Untersuchung mehrphasiger Filmströmungen unter Verwendung einer Volume-Of-Fluid-ähnlichen Methode. Berlin, Technische Universität, Dissertation, 2009

[91] Spruss, I.; Kuthada, T.; Wiedemann, J.; Duncan, B.; Jilesen, J.; Gargoloff, J. I.; Wanderer, J.; Kostantinov, A.; Staroselsky, I.: Validierung eines Fluid-Film Models für die Kraftfahrzeug-Verschmutzungssimulation in CFD. Tagung Fahrzeug-Aerodynamik, Haus der Technik. München, 2012

[92] HNP Mikrosysteme: Mikrozahnringpumpe mzr-4622 - Produktbeschreibung, 2015

[93] Schäufele, S.: Validierung der neuen Windkanäle im Aerodynamischen Versuchszentrum der BMW Group und Analyse der Übertragbarkeit der Ergebnisse. Karlsruhe, Institut für Technologie, Dissertation, 2010

[94] Estrada, G.: Das Fahrzeug als aerodynamischer Sensor. Stuttgart, Universität, Dissertation, 2011

[95] Mercker, E.; Wiedemann, J.: On the Correction of Interference Effects in Open Jet Wind Tunnels. SAE Technical Paper 960671. Detroit, 1996

[96] Hanitz, G.: Schnee- und Regengischtsimulation im Klimawindkanal. Test Facility Forum, 2009

[97] Schütz, T. (Hrsg.): Hucho - Aerodynamik des Automobils. 6. Auflage. Wiesbaden: Springer Vieweg, 2013, ISBN 978–3–8348–2316–8

[98] Helfer, M.: Umströmungsgeräusche. In: Genuit, K. (Hrsg.): Sound-Engineering im Automobilbereich. Heidelberg: Springer, 2010, ISBN 978–3–642–01415–4, S. 279–305

Printed in the United States
By Bookmasters